# Photoshop CC 项目教程

主　编　付海娟　高伟聪　牛　群
副主编　杨海燕　万晓燕　张鲁浙
参　编　丁　蕊　汤春华　袁　哲
　　　　乔寿合　马　倩　贾　佳
　　　　王　梅

北京理工大学出版社
BEIJING INSTITUTE OF TECHNOLOGY PRESS

## 内 容 提 要

本教材根据 Photoshop 软件在工作生活中应用的场景，设计了数码照片处理、海报制作、网页设计与制作、实战演练四个教学情境，每个情境又设置若干个项目，所有项目都配备了由易到难的实训任务，按任务细化知识点，带动知识点的学习，将知识形象化，知识点涵盖面广而全，具有较高的接受度，便于学习者学习使用。

本教材既可作为计算机应用技术、动漫制作技术、数字媒体艺术、数字媒体技术、平面设计、电子商务等专业平面设计类课程的教材，也可作为网页制作、美工设计、广告宣传、包装装帧、多媒体制作等行业人员学习和参考的资料。

**版权专有　侵权必究**

**图书在版编目（CIP）数据**

Photoshop CC 项目教程／付海娟，高伟聪，牛群主编． --北京：北京理工大学出版社，2021.6
ISBN 978-7-5682-9985-5

Ⅰ．①P… Ⅱ．①付… ②高… ③牛… Ⅲ．①图像处理软件-教材 Ⅳ．①TP391.413

中国版本图书馆 CIP 数据核字（2021）第 130819 号

| | |
|---|---|
| 出版发行／ | 北京理工大学出版社有限责任公司 |
| 社　　址／ | 北京市海淀区中关村南大街 5 号 |
| 邮　　编／ | 100081 |
| 电　　话／ | （010）68914775（总编室） |
| | （010）82562903（教材售后服务热线） |
| | （010）68944723（其他图书服务热线） |
| 网　　址／ | http：//www.bitpress.com.cn |
| 经　　销／ | 全国各地新华书店 |
| 印　　刷／ | 河北盛世彩捷印刷有限公司 |
| 开　　本／ | 787 毫米×1092 毫米　1/16 |
| 印　　张／ | 17.5 |
| 字　　数／ | 411 千字 |
| 版　　次／ | 2021 年 6 月第 1 版　2021 年 6 月第 1 次印刷 |
| 定　　价／ | 64.00 元 |

| | |
|---|---|
| 责任编辑／ | 陈莉华 |
| 文案编辑／ | 陈莉华 |
| 责任校对／ | 周瑞红 |
| 责任印制／ | 李志强 |

图书出现印装质量问题，请拨打售后服务热线，本社负责调换

# 前　　言

　　Photoshop 因其强大的图像处理功能，已经成为最流行的图像处理软件之一，虽然目前各类图像处理软件层出不穷，但 Photoshop 依然受到使用者的青睐，利用该软件不但可以针对照片进行简单的处理和修图，可以制作出精彩的广告、精美的网页、界面，还可以用来设计动画的炫色和渲染的过程，也可以制作游戏场景。可以说 Photoshop 是一款让图像和照片变得美丽，让创意充分发挥的软件。本书将对 Photoshop CC 进行详细的讲解，带大家走进图像处理的世界。

　　本教材为校企合作编写的活页式教材，由山东外事职业大学教师和山东新视觉数码科技有限公司设计师共同编写，编者在编写时采用了任务清单的模式编写，任务清单中包含任务情境、任务目标、任务要求、任务思考、任务实施、任务总结、任务点评等环节，选用企业真实案例，根据企业工作流程由易到难设计任务清单，利用任务清单可以引导学习者顺利完成学习。

　　本教材根据教学需求，在编写过程中突出"三用"原则：坚持以"实用"为导向，以"能用"为目标，以"够用"为限度。教材还根据 Photoshop 软件在工作生活中的应用场景，设计了四个教学情境、十个教学项目，同时配备了对应的实训任务，具有较高的接受度，既可作为计算机应用技术、动漫制作技术、数字媒体艺术、数字媒体技术、平面设计、电子商务等专业平面设计类课程的教材，也可作为网页制作、美工设计、广告宣传、包装装帧、多媒体制作等行业人员学习和参考的资料。

　　本教材采用理论联系实际的任务驱动式方法，按任务细化知识点，带动知识点的学习，将知识形象化。知识点涵盖面广而全，涉及数码照片处理、海报制作、图标、Logo 制作等多方面，兼具实用性和趣味性。

　　本教材配套有全套知识点及任务实施过程视频、素材、教学课件等资源，读者可扫码进行视频学习。

　　本教材由山东外事职业大学付海娟、高伟聪、牛群担任主编，由山东外事职业大学杨海燕、万晓燕和山东新视觉数码科技有限公司张鲁浙担任副主编，付海娟负责教材的构思及大纲的编写，并负责最终的统稿定稿工作。丁蕊、汤春华、袁哲、乔寿合、马倩、贾佳、王梅也参加了本教材的编写和电子教案的制作，在此一并感谢。

　　本教材在编写过程中参考了近年来出版的 Photoshop 方面的优秀教材、专著和文献，在此对引用教材、专著和文献的作者表示最衷心的感谢。

　　由于编者水平有限，教材中难免存在疏漏和不妥之处，恳请读者批评指正，以便再版时进行更正。编者的电子邮件地址是 fuhaijuan2020@163.com。

# CONTENTS 目录

## 学习情境一  数码照片处理

**项目一  图像合成** ………………………………………………… (2)
 实训任务一  海岛图像合成 ……………………………………… (3)
 实训任务二  书籍封面制作 ……………………………………… (16)
 实训任务三  清新世界 …………………………………………… (22)

**项目二  制作艺术照片** …………………………………………… (30)
 实训任务一  填充图像 …………………………………………… (31)
 实训任务二  艺术相片 …………………………………………… (35)
 实训任务三  剪影海报 …………………………………………… (47)

**项目三  照片修复与修饰** ………………………………………… (54)
 实训任务一  调整曝光不足的照片 ……………………………… (55)
 实训任务二  修复照片 …………………………………………… (63)

## 学习情境二  海报制作

**项目四  Logo 制作** ……………………………………………… (76)
 实训任务一  星光 Logo 制作 …………………………………… (77)
 实训任务二  绘制标志 …………………………………………… (85)

**项目五  广告图像处理** …………………………………………… (92)
 实训任务一  巧克力广告 ………………………………………… (93)
 实训任务二  手机广告 …………………………………………… (99)

## 项目六　视觉特效设计 (106)
实训任务一　置换天空 (107)
实训任务二　海上明月 (115)
实训任务三　文字视觉海报 (134)

# 学习情境三　网页设计与制作

## 项目七　图标制作 (151)
实训任务一　金属边框按钮制作 (152)
实训任务二　APP 图标制作 (163)
实训任务三　播放器图标制作 (173)

## 项目八　电商视觉设计 (184)
实训任务一　促销广告视觉设计 (185)
实训任务二　电商促销广告设计 (195)
实训任务三　玻璃质感标志制作 (200)
实训任务四　秘密花园 (214)

## 项目九　滤镜特效 (224)
实训任务一　蜡笔画效果 (225)
实训任务二　水墨画效果 (231)
实训任务三　人物素描效果 (241)
实训任务四　木纹肌理效果 (245)

# 学习情境四　实战演练

## 项目十　实战演练 (253)
实训任务一　创意饮品广告 (254)
实训任务二　夜的祈祷 (263)

## 参考文献 (274)

## 学习情境一

# 数码照片处理

# 项目一

# 图像合成

### 知识目标

- ➤ 掌握图像处理基础知识
- ➤ 熟悉 Photoshop 的工作界面
- ➤ 熟练掌握参考线等辅助工具的使用方法
- ➤ 熟练掌握移动工具的使用方法
- ➤ 掌握规则选区工具的使用方法
- ➤ 掌握选区羽化的操作

### 技能目标

- ➤ 能够熟练运用移动工具进行图像的合并
- ➤ 能够熟练运用选区及辅助工具完成简单的图像合成操作

### 素质目标

- ➤ 培养学生依据任务需求进行图像处理的基本素质
- ➤ 培养学生运用 Photoshop 进行图像合成的基本能力
- ➤ 培养学生对辅助工具和移动、选区工具的运用能力

# 实训任务一  海岛图像合成

## 任务清单1-1  图像合成涉及的基本操作

| 项目名称 | 任务清单内容 |
| --- | --- |
| 任务情境 | Mary看到网上效果"超炫"的图片，自己也想学习一下利用Photoshop进行图像合成的方法，请你在掌握图像处理基础知识及文件基本操作基础上，灵活运用所学知识帮助Mary实现基础的图像合成操作。 |
| 任务目标 | (1) 掌握图像处理基础知识；<br>(2) 熟悉Photoshop的工作界面；<br>(3) 熟练运用移动工具完成简单的图像合成操作。 |
| 任务要求 | 请根据任务情境，通过知识点学习，完成以下任务：<br>(1) 进行图像文件的类型更改；<br>(2) 合并图像文件时有哪些不同的方式，请至少找出两种方法。 |
| 任务思考 | (1) 透明图像在Photoshop中是什么样的显示状态？<br>(2) Photoshop中处理的图像是位图还是矢量图？<br>(3) Photoshop中常用的颜色模式有哪些？<br>(4) Photoshop中常用的图像文件格式有哪些？各有什么特点？ |
| 任务实施 | (1) 打开项目一椰子海岛素材中背景、小岛以及椰子图像文件，如图1-1所示。 <br><br>(a)　　　　　　(b)　　　　　　(c)<br><br>图1-1  海岛素材<br>(a) 背景；(b) 小岛；(c) 椰子<br><br>(2) 选中椰子图像，使用"Ctrl"+"A"组合键完成全选，使用"Ctrl"+"C"组合键进行复制，切换到背景图像上后使用"Ctrl"+"V"组合键进行粘贴操作，按"V"键切换到移动工具，勾选移动工具属性栏中的"自动选择"复选框，移动椰子到合适位置，如图1-2所示。 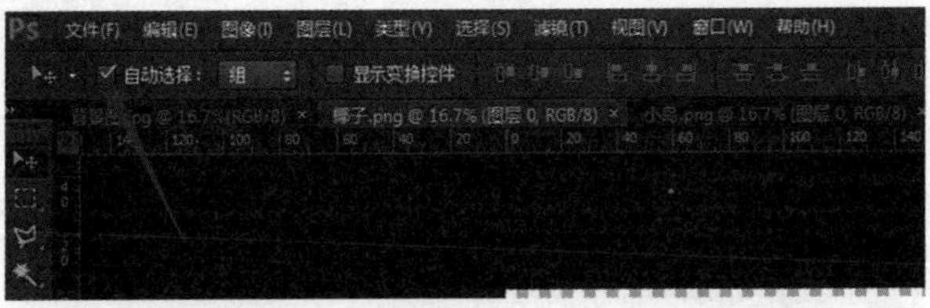<br><br>图1-2  勾选移动工具属性栏中的"自动选择"复选框 |

续表

| 项目名称 | 任务清单内容 |
|---|---|
| 任务实施 | （3）用同样的方法移动小岛图像到背景图像文件中，调整到合适位置，如图1-3所示。<br>（4）选择菜单"图像"→"模式"→选择不同颜色模式观察图像变化，如图1-4所示。调整后可按"Ctrl"+"Alt"+"Z"组合键撤销刚才的操作。 <br><br>图1-3　移动小岛图像到背景图像文件中 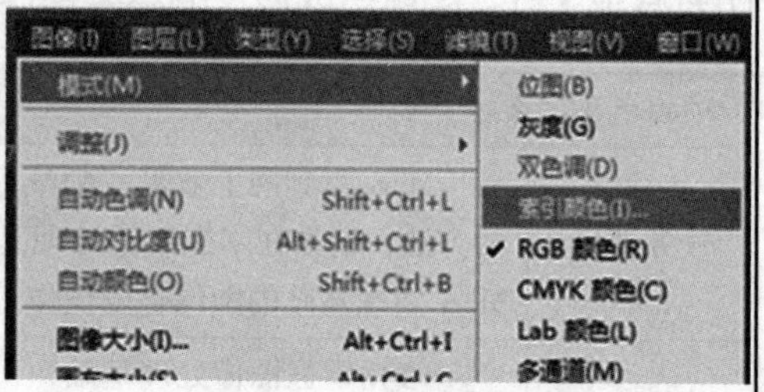　　　图1-4　图像菜单<br><br>（5）单击"文件"→"存储为"命令，打开"存储为"对话框，尝试将文件名改为"椰子上的海岛完成图1"，并在保存类型中将其分别保存为psd、jpg、png等格式，再次打开刚才保存的图像文件观察区别，如图1-5所示。 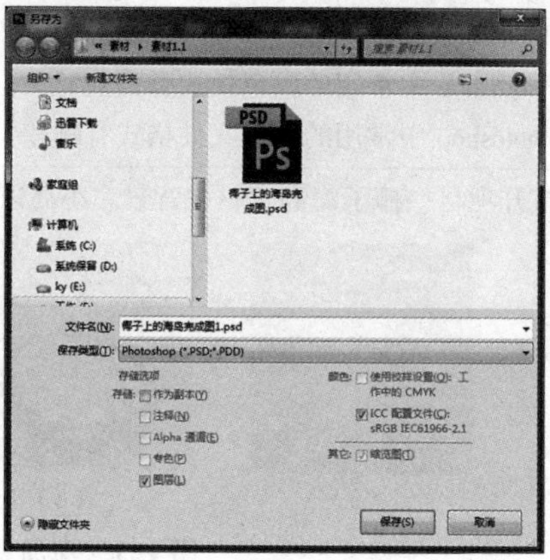<br><br>图1-5　"存储为"对话框 |
| 任务总结 | |
| 实施人员 | |
| 任务点评 | |

## 1.1.1 初识 Photoshop

Photoshop，简称"PS"，是由 Adobe 公司开发和发行的功能强大的图像处理软件。Photoshop 广泛应用于印刷、广告设计、封面制作、网页制作、照片编辑等领域，主要处理以像素所构成的数字图像。Photoshop 工具种类较多，利用这些工具可以灵活地对图片进行编辑。Photoshop 是对人们生活、工作影响很大的一款电脑图像处理软件。

## 1.1.2 Photoshop 的主要应用领域

（1）在平面设计方面：利用 Photoshop 可以设计商标、产品包装、海报、样本、招贴、广告、软件界面、网页素材和网页效果图等各式各样的平面作品，还可以为三维动画制作材质，以及对三维效果图进行后期处理等，如图 1-6 所示。

（a）

（b）　　　　　　　（c）

图 1-6　平面作品
(a) 产品包装；(b) 海报；(c) 招贴

（2）在绘画方面：Photoshop 具有强大的绘画功能，利用它可以绘制出逼真的产品效果图、各种卡通人物和动植物等。

（3）在数码照片处理方面：利用 Photoshop 可以进行各种照片合成、修复和上色等操作。例如，为照片更换背景、为人物更换发型、校正偏色照片，以及美化照片等。

## 1.1.3 Photoshop 的工作界面

### 1. 启动 Photoshop

本书采用 Adobe Photoshop CC 中文版，启动 Adobe Photoshop CC 时可以采用以下两种方法。
（1）单击"开始"→"Adobe Photoshop CC"图标，如图 1-7 所示，启动 Photoshop。
（2）双击桌面上的"Adobe Photoshop CC"快捷图标，如图 1-8 所示，启动 Photoshop。

图 1-7　单击菜单"开始"→"Adobe Photoshop CC"图标启动 Photoshop　　图 1-8　双击"Adobe Photoshop CC"快捷图标启动 Photoshop

### 2. 退出 Photoshop

（1）单击界面右上角的"×"按钮退出。
（2）使用"Ctrl"+"Q"或"Alt"+"F4"组合键退出。
（3）单击"文件"菜单中的"退出"按钮退出。

### 3. Photoshop 的工作界面

启动 Adobe Photoshop CC 后，打开任意图片，就会进入 Photoshop 的工作界面，显示如图 1-9 所示的基本功能工作区，下面分别介绍 Photoshop 工作界面中各个部分的功能及其使用方法。

（1）菜单栏。

界面的顶部是菜单栏，包括"文件""编辑""图像""图层""类型""选择""滤镜""视图""窗口""帮助"这 10 个菜单，如图 1-10 所示。

单击任何一个菜单，都会出现相应的下拉式命令菜单，在弹出的下拉菜单中，命令右侧的字母组合代表该命令的快捷键。命令显示为灰色的，代表该命令在当前状态下不可执行，如图 1-11 所示。

（2）工具箱。

界面最左侧的是工具箱，常用的工具都在这里，例如移动工具、套索工具、裁剪工具、钢笔工具、文字工具等。单击工具图标，即可选中并使用该工具，如果某工具图标右下角有一个三角形符号，代表该工具下有不同类型的工具组，在所选工具上长按鼠标左键或右击该按钮时，隐藏的工具便会显示出来，此时即可选择工具组中的其他工具，工具后面的字母是该工具的快捷键，如图 1-12 所示。

图 1-9　Photoshop 的工作界面

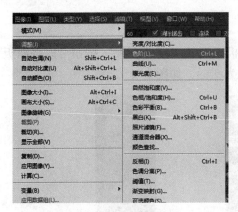

图 1-11　下拉式命令菜单

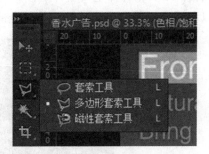

图 1-12　工具组中的其他工具

（3）工具属性栏。

工具属性栏位于菜单栏的下方。当选中任意工具时，控制面板会显示对应工具的属性设置选项，用户可以设置工具的相应属性，如图 1-13 所示。

图 1-13　工具属性栏

（4）面板。

面板的默认位置位于窗口的最右侧，Photoshop 提供了 20 多种面板，每一种面板都有其特定的功能，如利用"图层"面板可以完成图层的创建、删除、复制、移动、显示、隐藏和链接等操作。面板是 Photoshop 提供的一种很重要的功能。

在 Photoshop 中，专门为不同的应用领域准备了相应的工作区环境，其中主要包括"基本功能""新增功能""动感""绘画""摄影""排版规则"等工作区。只要在标题栏中单击相应的工作区按钮或在"窗口"→"工作区"级联菜单中选择相应的命令，即可切换到对应的工作区。选择不同的工作区时，显示的面板也有所不同，如图 1-14 所示。

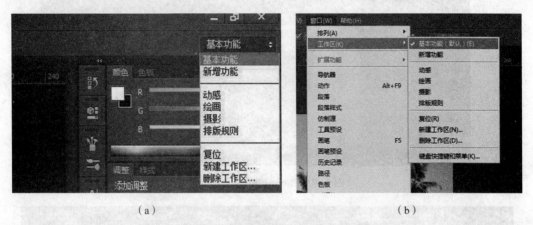

图 1-14 选择不同的工作区
(a) 工作区按钮；(b) "窗口"→"工作区"级联菜单

① 面板的展开与收缩。

面板同工具箱一样也具备伸缩性，利用面板顶端的"展开面板"按钮可以将面板展开，也可以利用"折叠为图标"按钮将其全部收缩为图标，如图 1-15 所示。

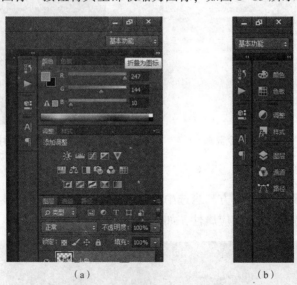

图 1-15 面板的展开与收缩
(a) 展开面板；(b) 折叠为图标

如果要展开某个面板，可以直接单击其图标或面板标签名称；如果要隐藏某个已经显示出来的面板，则需再次单击其图标或双击其标签名称。如果需要的面板，其图标或标签名称没有显示在工作区中，则从"窗口"菜单中选择对应的命令即可将其显示出来。

②拆分面板。

将鼠标指针指向某个面板的图标或标签，并将其拖至工作区中的空白区域，即可将该面板拆分出来。

③组合面板。

如果每个面板都独立占用一个窗口，必将大大减少编辑图像所需的工作区域。为此 Photoshop 提供了组合面板的功能，就是将多个面板组合在一起占用一个面板的位置，当需要某个面板时，单击其标签名称即可。操作方法是：拖动一个独立面板的标签至目标面板上，直到目标面板呈蓝色反光时松开鼠标即可，按住面板的名称标签左右拖动可以改变面板的左右顺序。

④面板菜单。

任何一个展开的面板，其右上角均有一个面板菜单按钮，单击它即可打开相应的面板菜单，如图 1-16 所示。

（5）图像编辑区。

图像编辑区由三部分组成：选项卡式标题栏、画布、状态栏，如图 1-17 所示。

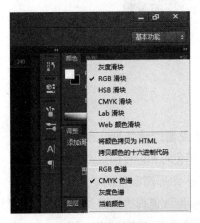

图 1-16　面板菜单

图 1-17　图像编辑区

选项卡式标题栏：在 Photoshop 中，每打开一个图像文件，即在图像编辑区的标题栏内增加一个选项卡，若要显示已经打开的某幅图像，只要单击对应的选项卡即可。在标题栏的每一个选项卡中显示的内容有：图像文件名、图像显示比例、图像当前图层名称、图像颜色模式、颜色位深度等信息及文件关闭按钮。

画布：画布区域是用来显示、绘制、编辑图像的区域。

状态栏：状态栏主要由三部分组成：最左边显示当前图像的显示比例，可在此输入一个值改变图像的显示比例；中间部分默认显示当前图像的"文档大小"，前面的数字代表将所有图层合并后的图像大小，后面的数字代表当前包含所有图层的图像大小。

## 1.1.4　位图和矢量图

计算机处理的图形图像有两种，分别是矢量图和位图。通常把矢量图叫作图形，把位图叫作图像。

### 1. 位图

位图使用像素点来描述图像，也称为点阵图像。位图由很多个像素（色块）组成，位图的每个像素都含有固定位置和颜色信息，位图缩放时，像素点随之缩放，放大后的位图，会出现马赛克状，如图 1-18 所示。位图颜色丰富，色彩自然逼真。常见的位图文件格式有 bmp、gif、jpg、tiff、psd 等。

 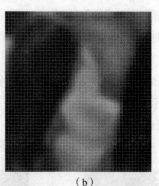

（a） （b）

图 1-18　放大后的位图

（a）位图；（b）放大后的位图

### 2. 矢量图

矢量图使用线段和曲线描述图像，所以称为矢量图。矢量图是通过对点和线的轮廓或内部设定颜色，并按照一定的顺序来实现图形效果的，同时图形也包含了色彩和位置信息。矢量图与像素是没有关系的，不受像素的影响。将矢量图放大缩小到任意大小，图形都不会模糊，可无损缩放，缺点是能够表现的色彩比较单调，不能像位图那样表达色彩丰富、细致逼真的画面。矢量图通常用来表现线条化明显、具有大面积色块的图案。常见的矢量图文件格式有：对于 Adobe Illustrate，有 *.ai、*.eps、*.svg；对于 AutoCAD，有 *.dwg、*.dxf；对于 Corel DRAW，有 *.cdr 等。

> **PS小贴士**
>
> 矢量图和位图可以转化，通过软件功能，矢量图可以很容易转化为位图，而位图转化为矢量图必须经过庞大复杂的数据处理。

## 1.1.5　像素和分辨率

### 1. 像素

在 Photoshop 中打开一张图片，按住键盘上的"Ctrl"+"+"组合键将图片放大后，可以看到很多小方格，每一个小方格都有填充的颜色，而且排列非常整齐，这样的小方格就叫像素。

像素，也叫栅格，每一个像素都具有固定的位置及颜色信息。而由像素构成的图像叫作位图，Photoshop 处理的图片就是位图。因此，像素是构成位图图像的最小单位，如图 1-19 所示。

## 2. 分辨率

分辨率是图像单位长度内的像素或点的数量。也可以说分辨率是像素的密度。

分辨率通常分为显示分辨率、图像分辨率和输出分辨率等。

（1）显示分辨率：显示分辨率是指显示器屏幕上能够显示的像素个数，通常用显示器长和宽方向上能够显示的像素个数的乘积来表示。如显示器的分辨率为 1 024×768，则表示该显示器在水平方向可以显示 1 024 个像素，在垂直方向可以显示 768 个像素，共可显示 786 432 个像素。显示器的显示分辨率越高，显示的图像越清晰。

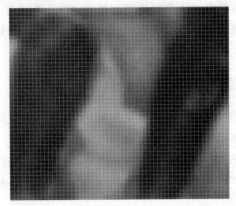

图 1-19　像素

（2）图像分辨率：图像分辨率是指图像中存储的信息量。图像分辨率有多种衡量方法，通常用图像在长和宽方向上所能容纳的像素个数的乘积来表示，如 640×480；在某些情况下，它也可以用"每英寸①的像素数"（ppi，pixel per inch）来衡量。图像分辨率既反映了图像的精细程度，又表示了图像的大小。在显示分辨率一定的情况下，图像分辨率越高，图像越清晰，同时图像也越大，通常情况下，图像大小=图像分辨率×图像尺寸。

（3）输出分辨率：输出分辨率是指输出设备（主要指打印机）在每个单位长度内所能输出的点数，通常用 dpi（dot per inch，每英寸的点数）来表示。输出分辨率越高，则输出的图像质量就越好。目前一般激光打印机和喷墨打印机的分辨率都在 600 dpi 以上。若打印文本，600 dpi 已经达到相当出色的线条质量，若打印黑白照片最好用分辨率在 1 200 dpi 以上的喷墨打印机，打印彩色照片则分辨率最好是 4 800 dpi 或更高。

> **PS小贴士**
>
> 颜色位深度——在图像中，各像素的颜色信息是用二进制位数来描述的。颜色位深度就是指存储每个像素所用的二进制位数。颜色位深度确定彩色图像的每个像素可能有的颜色数，或者确定灰度图像的每个像素可能有的灰度级数。如果图像的颜色位深度用 $a$ 来表示，那么该图像能够支持的颜色数（或灰度级数）为 $2^a$。图像的颜色位深度通常有 1 位、4 位、8 位、16 位、24 位之分。在 1 位图像中，每个像素的颜色只能是黑或白；若颜色位深度为 24 位，则支持的颜色数目达 1 677 万种，通常称为真彩色。

## 1.1.6　图像的颜色模式

颜色模式是指在显示器屏幕上和打印页面上重现图像色彩的模式。对于数字图像来说，

---

① 1 英寸 = 2.54 厘米。

颜色模式是个很重要的概念，它不但会影响图像中能够显示的颜色数目，还会影响图像的通道数和文件的大小。Photoshop 最常用的几种颜色模式为：RGB 模式、CMYK 模式、Lab 模式、位图模式、灰度模式等。

### 1. RGB 颜色模式

RGB 颜色模式又叫加色模式，是屏幕显示的最佳颜色，由红、绿、蓝三种色光组成，每一种颜色有 0~255 共 256 个亮度色阶，能够组成 256×256×256 种颜色，这个标准几乎包括了人类视力所能感知的所有颜色，是目前应用最广的颜色模式之一，如图 1-20 所示。

思考：白色和黑色的 RGB 值分别是多少？

### 2. CMYK 颜色模式

CMYK 颜色模式是彩色印刷时采用的一种套色模式，是一种依靠反光的色彩模式，和 RGB 类似，CMYK 是 4 种印刷油墨名称的首字母的组合：C—青色（Cyan）、M—洋红色（Magenta）、Y—黄色（Yellow）、K—黑色（Black），CMYK 模式是一种减色模式。每种 CMYK 四色油墨可使用从 0 至 100% 的值，如图 1-21 所示。

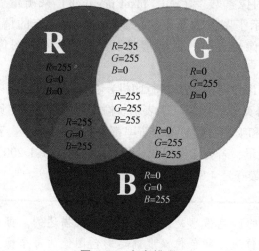

图 1-20　加色模式

图 1-21　减色模式

#### 🔊 PS小贴士

在加色模式中，颜色是由光线直接照射产生的，所以只要有光线叠加，颜色就会越来越亮，最终成为白色。而减色模式中，颜色是通过颜料吸收光线来产生的，要表现一种颜色，就要想办法把光线中其他的颜色过滤掉，也就是减掉，如果什么颜料都不加，光线就被全部反射，看到的依然是白光。

### 3. Lab 颜色模式

Lab 颜色模式是根据 Commission International Eclairage（CIE）在 1931 年所制定的一种测定颜色的国际标准建立的，于 1976 年被改进并且命名的一种色彩模式，用于解决由于使用不同的显示器或打印设备所造成的颜色复制的差异。$L$ 表示亮度，$a$ 表示从绿到红的颜色范围，$b$ 表示从蓝到黄的颜色范围，如图 1-22 所示。

Lab 颜色模型弥补了 RGB 和 CMYK 两种色彩模式的不足。它是一种与设备无关的颜色模型，不管使用什么设备（如：显示器、扫描仪或打印机）创建或输出图像，这种色彩模式产生的颜色都保持一致。

### 4. 位图模式

位图模式用两种颜色（黑和白）来表示图像中的像素。位图模式的图像也叫作黑白图像。因为其深度为 1，也称为 1 位图像，如图 1-23 所示。

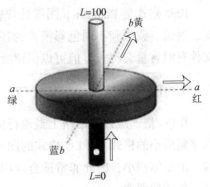

图 1-22　Lab 颜色模式

### 5. 灰度模式

灰度模式用 256 级灰度来表示图像。将彩色图像转换为灰度模式时，所有的颜色信息都将被删除，虽然 Photoshop 允许将灰度模式的图像再转换为彩色模式，但是原来已经丢失的颜色信息不能再返回。通常情况下，图像要先转换为灰度模式后才可以转换为位图模式，如图 1-24 所示。

图 1-23　位图模式的图像

图 1-24　灰度模式的图像

## 1.1.7　常用的图像格式

图形图像的存储格式有很多种，每种格式都有不同的特点和应用范围，可根据不同的需求将图形图像保存为不同的格式。常见的图像文件格式有：BMP、PSD、JPEG、PNG、GIF、TIFF、PDF 等。

### 1. BMP 格式

BMP 图像，即通常所说的位图（Bitmap），是 Windows 系统中最为常见的图像格式。

### 2. PSD 格式

PSD 格式是 Photoshop 图像处理软件的专用文件格式，文件扩展名是 .psd，可以支持图层、通道、蒙版和不同色彩模式的各种图像特征，是一种非压缩的原始文件保存格式。PSD 文件有时容量会很大，但可以保留所有原始信息。

### 3. JPEG 格式

JPEG 格式是目前网络上最流行的图像格式，一般简称为 JPG 格式，是可以把图像文件压缩到最小的格式。JPEG 格式的图片在获得极高的压缩率的同时能展现十分丰富生动的图像。由于体积小，因此非常适合应用于互联网，可减少图像的传输时间，也普遍应用于需要连续色调的图像。

### 4. PNG 格式

可移植网络图形（Portable Network Graphic，PNG）格式是一种位图文件存储格式，是网上接受的较新图像文件格式，PNG 能够提供长度比 GIF 小 30% 的无损压缩图像文件。PNG 失真率较小，支持透明图像，但不支持动画效果。

### 5. GIF 格式

GIF 格式的文件是 8 位图像文件，最多为 256 色，不支持 Alpha 通道。GIF 格式产生的文件较小，常用于网络传输，在网页上见到的图片大多是 GIF 和 JPEG 格式的。GIF 格式与 JPEG 格式相比，其优点在于 GIF 格式的文件可以保持动画和透明效果。

### 6. TIFF 格式

TIFF 格式采用无损压缩，支持多种色彩图像模式，是出于跨平台储存扫描图像的需要而设计的，它储存的图像信息非常多，图像质量高，有利于原稿的复制。但这种格式兼容性较差，并且体积较大，一般适用于 Mac 系统用户以及摄影爱好者，用于无损扫描或者印刷出版。

## 1.1.8 文件的基本操作

### 1. 文件的打开

在 Photoshop 中可以使用以下几种方法打开文件：

（1）选择"文件"→"打开"菜单命令，或者使用"CTRL"+"O"组合键，打开"打开"对话框，在对话框中选择需要打开的图像文件，单击"打开"按钮即可。

（2）直接把需要打开的图像文件拖动到 Photoshop 的窗口图像标题栏处，释放鼠标后即可打开文件。

（3）选择"文件"→"最近打开文件"菜单命令，在展开的子菜单中列出了最近使用过的 10 个文件列表，单击某个文件名称即可将其打开。

（4）进入 Photoshop 中，双击空白的图像编辑区，可以打开"打开"对话框，在对话框中选择需要打开的图像文件，单击"打开"按钮，如图 1-25 所示。

图 1-25 "打开"对话框

## 2. 文件的保存

编辑完成的图像需要保存下来，下面介绍在 Photoshop 中保存文件的方法，用户可以使用以下两种方法保存文件：

（1）保存新建的图像文件，选择"文件"→"存储"菜单命令，或者使用"CTRL"+"S"组合键打开"另存为"对话框，在其中设置文件的保存路径、文件名和格式，单击"保存"按钮保存文件，如图 1-26 所示。

图 1-26 "另存为"对话框

（2）若对已经保存过的文件执行存储命令，一般不会弹出"另存为"对话框，而直接以上次保存的格式文件名和路径保存对文件的修改。此时上次保存的文件将被替换。

（3）若希望将修改后的文件以新的名称、格式或路径进行保存，而不是替换上次保存的文件，可以选择"文件"→"另存为"菜单命令或者使用"Ctrl"+"Shift"+"S"组合键打开"另存为"对话框，重新设置上述保存选项，单击"保存"按钮保存。

### 3. 清理内存

使用 Photoshop 编辑图像时，经过多次操作后，程序占用的内存资源会越来越多，从而导致运行速度变慢，这时可以选择"编辑"→"清理"菜单中的子菜单项来清理占用的内存，可以清理的项目包括还原剪贴板、历史记录、全部、视频、高速缓存等，清理后 Photoshop 的运行会更加顺畅，如图 1-27 所示。

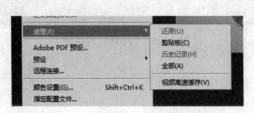

图 1-27 "编辑"→"清理"菜单

## 实训任务二　书籍封面制作

任务清单 1-2　书籍封面制作

| 项目名称 | 任务清单内容 |
| --- | --- |
| 任务情境 | Mary 的朋友想让她帮忙设计一个图书封面，Mary 搜集好素材准备开始制作，但是她不知道设计图书封面时有哪些要求和规则，请大家查阅资料，帮她解决这一问题。 |
| 任务目标 | （1）掌握书籍封面的设计要点；<br>（2）掌握参考线的使用方法；<br>（3）掌握移动和对齐以及撤销操作的方法。 |
| 任务要求 | 请根据任务情境，通过知识点学习，完成以下任务：<br>（1）根据封面制作的需求设置好所需参考线；<br>（2）根据效果图完成书籍封面案例的制作。 |

续表

| 项目名称 | 任务清单内容 |
| --- | --- |
| 任务思考 | (1) 书脊及封面装帧的设计元素一般包含哪几个方面？<br>(2) 什么是出血？出血值的设置有什么要求？<br>(3) 在进行实际的设计时，书脊的宽度值一定吗？为什么？ |
| 任务实施 | (1) 打开素材书籍封面1~6，将书籍封面1图像设置为当前窗口。<br>(2) 选择"图像"→"模式"菜单命令中的CMYK模式，将图像模式调整为CMYK模式。<br>(3) 选择"视图"→"标尺"菜单命令或者使用"Ctrl"+"R"组合键打开标尺，使用"Ctrl"+"0"组合键实现满屏显示当前图像。<br>(4) 单击"编辑"→"图像大小"命令，打开"图像大小"对话框，取消"约束比例"勾选，查看书籍封面1图像宽度为29.6 cm，高度为21.59（21.6）cm，如图1-28所示。 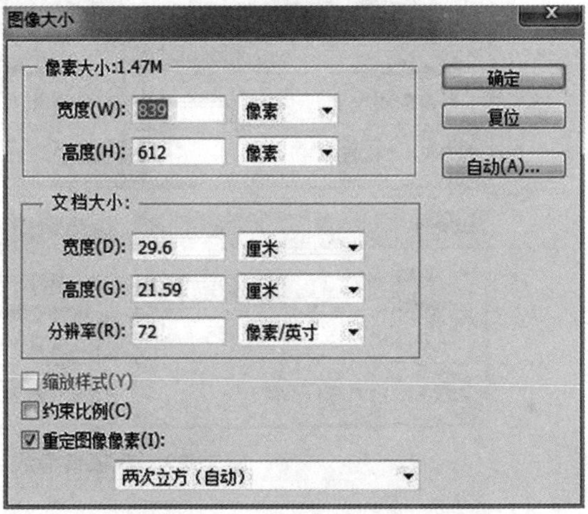<br><br>图1-28 "图像大小"对话框<br><br>(5) 单击"视图"→"新建参考线"命令，在如图1-29所示位置创建八根参考线，用于精确定位。<br>(6) 依次打开书籍封面2~6，选中书籍封面2，使用"Ctrl"+"A"组合键完成全选，使用"Ctrl"+"C"组合键进行复制，切换至书籍封面1，使用"Ctrl"+"V"组合键进行粘贴，用移动工具调整位置。<br>(7) 用同样方法将书籍封面3复制到书籍封面1中，调整位置。<br>(8) 选中书籍封面4，利用移动工具按住鼠标左键拖动图像到书籍封面1中合适位置释放，"秋日出版社"与图像底部第二根水平参考线对齐。<br>(9) 书籍封面5书脊放在中间的垂直参考线中间。<br>(10) 二维码下端与图像底部第二根水平参考线对齐，可以用键盘上的上下左右方向键微调，如图1-30所示。 |

续表

| 项目名称 | 任务清单内容 |
|---|---|
| 任务实施 | 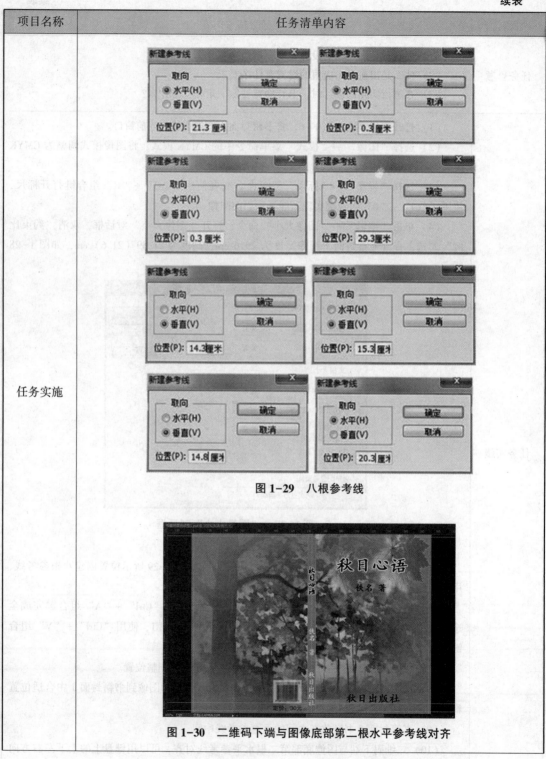<br>图 1-29　八根参考线<br><br>图 1-30　二维码下端与图像底部第二根水平参考线对齐 |

续表

| 项目名称 | 任务清单内容 |
|---|---|
| 任务实施 | (11) 完成的效果如图 1-31 所示。<br><br>图 1-31 完成效果 |
| 任务总结 | |
| 实施人员 | |
| 任务点评 | |

 知识要点

## 1.2.1 辅助工具

Photoshop 利用"视图"→"标尺"菜单或者使用"Ctrl"+"R"组合键可以打开标尺，新建参考线可以有两种方式：一种是将光标放在水平或者垂直标尺处按住鼠标左键向画布编辑区拖动，在合适位置释放鼠标即可，出现的青色线条就是参考线，双击参考线可弹出"首选项"对话框，可以调整参考线的标识颜色；另一种方式是在"视图"菜单中，选择"新建参考线"命令，会打开"新建参考线"对话框，此时可以精确设置水平和垂直参考线的位置，如图 1-32 所示。

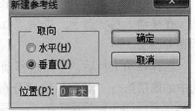

图 1-32 "新建参考线"对话框

### PS小贴士

选择"编辑"菜单中的"首选项"命令,在打开的"首选项"对话框中可以对Photoshop软件进行基本的性能参数设置,"界面"选项可以设置软件背景色,"参考线、网格和切片"选项可以对参考线的颜色、网格样式、网格间隔、切片线条颜色等进行设置。利用"首选项"对话框中的"单位与标尺"选项还可以更改新建参考线时使用的默认单位,如图1-33所示。

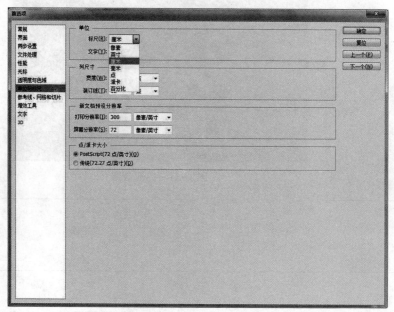

图1-33 "首选项"对话框中的"单位与标尺"选项

## 1.2.2 移动工具

移动工具(快捷键为"V")主要用于实现图层的选择、移动等基本操作。选择移动工具后,选中目标图层,使用鼠标左键在画布上拖动,即可将该图层移动到画布中的任何位置。

使用移动工具时,有一些实用的小技巧,具体如下:

按住"Shift"键不放,可使图层沿水平、竖直或45°的方向移动。

按住"Alt"键的同时,移动图层,可对图层进行移动复制。

在移动工具状态下,按住"Ctrl"键不放,在画布中单击某个元素,可快速选中该元素所在的图层。

选择移动工具后,可通过移动工具选项栏中的"对齐"及"分布"选项,快速对多个选中的图层执行"对齐"或"分布"操作,如图1-34所示。

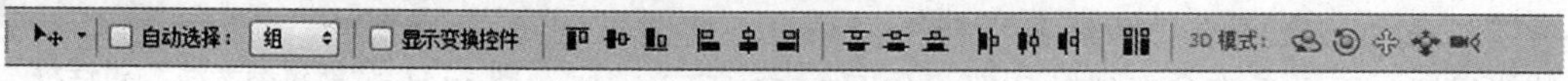

图1-34 "移动工具"选项栏中的"对齐"及"分布"选项

> **PS小贴士**
> 使用移动工具时,每按一下键盘中的方向键"→""←""↑""↓"便可以将对象移动一个像素的距离;如果按住"Shift"键,再按方向键,则图像每次可以移动10个像素的距离。

### 1.2.3 撤销操作

在绘制和编辑图像的过程中,经常会出现失误或对操作的效果不满意的情况。如果希望恢复到前一步或原来的图像效果时,可以使用一系列的撤销操作命令。

**1. 撤销上一步操作**

执行"编辑"→"还原"命令(或使用"Ctrl"+"Z"组合键),可以撤销对图像所做的最后一次修改,将其还原到上一步编辑状态。如果想要取消"还原"操作,再次按下"Ctrl"+"Z"组合键即可。

**2. 撤销或还原多步操作**

"编辑"→"还原"命令只能还原一步操作,如果想要连续还原,可连续执行"编辑"→"后退一步"命令(或使用"Alt"+"Ctrl"+"Z"组合键),逐步撤销操作。

如果想要恢复被撤销的操作,可连续执行"编辑"→"前进一步"命令(或使用"Alt"+"Shift"+"Z"组合键)。

**3. 撤销到操作过程中的任意步骤**

"历史记录"面板可将进行过多次处理的图像恢复到任何一步(系统默认前20步)操作时的状态,即所谓的"多次恢复"。执行"窗口"→"历史记录"命令,将会弹出"历史记录"面板,如图1-35所示。

选择"历史记录"下的任何一步操作,图像即恢复到该操作时的状态。

图1-35 "历史记录"面板

> **PS小贴士**
> 在"历史记录"控制面板的右下方有3个按钮 ,它们的具体作用如下:
> "从当前状态创建新文档" :基于当前操作步骤中的图像状态创建一个新的文件。
> "创建新快照" :基于当前的图像状态创建快照。
> "删除当前状态" :选择一个操作步骤,单击该按钮可将该步骤及后面的操作删除。

# 实训任务三　清新世界

## 任务清单1-3　清新世界

| 项目名称 | 任务清单内容 |
|---|---|
| 任务情境 | Mary 在进行图像合成时发现很多图像素材需要进一步调整，这就涉及更多的操作，尤其在制作选区时，如何才能让图像边缘具有柔和的过渡效果呢？ |
| 任务目标 | （1）掌握利用矩形选框工具组创建选区的方法以及取消、移动选区的方法；<br>（2）掌握选区羽化的设置方法；<br>（3）掌握图像自由变换的方法。 |
| 任务要求 | 请根据任务情境，通过知识点学习，完成以下任务：<br>（1）利用给定的图像素材选择合适的部分进行图像合成；<br>（2）运用自由变换操作实现图像大小的调整；<br>（3）按照实施步骤完成清新世界效果图的制作。 |
| 任务思考 | （1）羽化值的大小对选区有什么影响？<br>（2）自由变换操作有什么注意事项？<br>（3）规则选区、自由变换、复制、剪切和粘贴的快捷键分别是什么？ |
| 任务实施 | （1）打开素材背景、酒杯、女孩；<br>（2）切换到酒杯图像，使用"Ctrl"+"A"组合键全选图像，使用"Ctrl"+"C"组合键复制图像，切换至背景图像文件中后使用"Ctrl"+"V"组合键进行粘贴，使用"Ctrl"+"T"组合键进行自由变换，在背景图像中调整酒杯图像大小，如图1-36所示。<br>（3）切换到女孩图像，选中椭圆选框工具，设置工具属性栏羽化值为"30像素"，如图1-37所示。<br>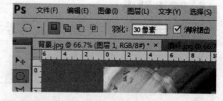<br>图1-36　在背景图像中调整酒杯图像大小　　图1-37　设置工具属性栏羽化值为"30像素"<br>在女孩头像上拖动绘制出合适大小椭圆选区，如图1-38所示。绘制过程中如果选区位置不合适可按"空格"键调整选区位置，使用"Ctrl"+"C"组合键复制选区内图像，切换至背景图像文件中后使用"Ctrl"+"V"组合键进行粘贴。 |

续表

| 项目名称 | 任务清单内容 |
|---|---|
| 任务实施 | （4）按"V"键，切换到移动工具，将女孩移动到合适位置，按"Ctrl"+"T"组合键自由变换调整女孩图像大小，女孩图像合成完毕，如图1-39所示。<br><br> <br>图1-38  在女孩头像上拖动绘制出　　　图1-39  女孩图像合成<br>合适大小椭圆选区<br><br>（5）选择单行选区工具，在工具属性栏中选中"添加到选区"图标，在背景图像上绘制多条单行选区，如图1-40所示。设置前景色为白色，按"Ctrl"+"Shift"+"Alt"+"N"（或者"Ctrl"+"Shift"+"N"组合键，请上机体会二者区别）键创建新图层，按"Alt"+"Delete"组合键进行前景色填充，按"Ctrl"+"D"组合键取消选区。<br>（6）完成效果如图1-41所示。<br><br>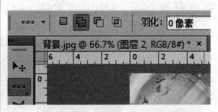 <br>图1-40  单行选区工具　　　　　　图1-41  完成效果 |
| 任务总结 | |
| 实施人员 | |
| 任务点评 | |

### 知识要点

## 1.3.1 选区及羽化

**1. 选区**

在 Photoshop 中,选区是个非常重要的概念,学会正确、快速地应用选区是使用 Photoshop 进行下一步工作的基础。选区就是选择的区域,主要用来选择图像中的某一部分,进而对选中的部分进行个性化修改,被选中部分可以是规则的,也可以是不规则的。选区是闭合的区域,无论任何形状的选区,都是封闭的,不存在不闭合的选区。

Photoshop 中新建选区的工具主要有规则选区工具组、套索工具组、魔术棒工具组,其中,规则选区工具所创建的选区均为形状规则的选区,套索及魔术棒工具所创建的选区多为形状不规则的选区,如图 1-42 所示。钢笔工具绘制出的路径也可以转换为选区,同时,选区工具创建的选区也可转换为路径。

**2. 羽化**

在 Photoshop 里,羽化是针对选区的一项编辑,羽化原理是令选区内外衔接部分虚化,起到渐变的作用,从而达到自然衔接的效果,羽化值越大,虚化范围越宽,也就是说颜色递变越柔和。羽化值越小,虚化范围越窄,可根据实际情况进行羽化值的调节。

在 Photoshop 中,选择椭圆选区工具,羽化值设置为"0 像素"和"50 像素"时,绘制相同大小的选区,将选区内容复制并粘贴在蓝色背景上后,对比效果如图 1-43 所示。

图 1-42 魔棒工具创建的形状
不规则的选区

图 1-43 羽化值设置为"0 像素"和"50 像素"
时的对比效果

## 1.3.2 规则选区及其运算

**1. 规则选区工具**

图1-44 规则选区工具组

规则选区工具组共包含4种工具，如图1-44所示。单击选框工具右下角，并按住鼠标左键，会弹出4种类型，分别为"矩形选框工具""椭圆选框工具""单行选框工具""单列选框工具"。规则选区工具快捷键是"M"，当切换"矩形选框工具"和"椭圆选框工具"时需要按住"Shift"+"M"组合键。"单行选框工具"和"单列选框工具"需要通过鼠标选择使用。

➢ "矩形选框工具"的作用：用来创建矩形或正方形选区。

➢ "椭圆选框工具"的作用：用来创建椭圆或正圆选区。

➢ "单行选框工具"的作用：在图像的水平方向选择一行像素。

➢ "单列选框工具"的作用：在图像的竖直方向选择一列像素。

**📢 PS小贴士**

绘制矩形或椭圆选区时，先按住鼠标左键后，再按住"Alt"键创建选区，此时光标所在位置将是椭圆或矩形选区的中点，创建正圆或正方形选区时则需按住"Shift"键，此时光标所在位置是正圆形或正方形的起点，"Alt"键和"Shift"键可以同时按下，可以以鼠标所在位置为中心绘制正圆或正方形。

使用单行或单列选框工具时，在文档中单击鼠标左键，无须拖拽，文档水平方向或垂直方向会产生一条虚线，此虚线实际是一个宽度像素为1的选区，可通过"Ctrl"+"+"组合键进行放大观察，在文档中单击鼠标右键，可选择"自由变换"命令对选区进行变换。创建选区之后可按"Ctrl"+"D"组合键取消选区。

**2. 选区的运算**

新建选区之后往往需要进一步对选区进行运算，选区的运算包括添加到选区、从选区中减去、与选区交叉，如图1-45所示。

（1）添加到选区：新建选区在前面选区的基础上做加法运算，新选区将添加到原选区之中，若两个选区有重合部分，则重合部分会包含到新形成的选区内部。

图1-45 选区的运算

例如：绘制一个灯笼时，我们可以新建图像文件，利用"矩形选框工具"，先在工具属性栏中选择"新选区"按钮，绘制一个矩形选区，再选择"添加到选区"按钮，绘制正方形选区，然后选择"椭圆选框工具"，选择工具栏中"添加到选区"按钮，绘制一个椭圆形选区，然后填充颜色即可，如图1-46所示。

（2）从选区中减去：新建的选区在前面选区的基础上做减法运算，原选区将减掉与新建选区重合部分。例如，先绘制一个矩形选区，切换到椭圆选区工具，再选择"从选区中减去"按钮,然后在四个角上绘制四个圆,减去圆的最终效果如图1-47所示。

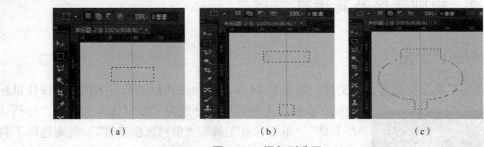

图1-46 添加到选区
(a) 矩形选区;(b) 正方形选区;(c) 椭圆形选区

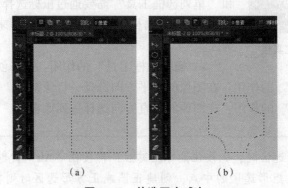

图1-47 从选区中减去
(a) 矩形选区;(b) 减去圆的最终效果

(3) 与选区交叉:在原选区基础上创建新选区之后,只会保留下二者交叉部分,其余部分将会消失。

**PS小贴士**

选区的运算也可以使用快捷键,在选择任意选区制作工具后,按住"Shift"键可以切换成"添加到选区"按钮。按住"Alt"键可以切换成"从选区中减去"按钮。

### 1.3.3 选区的基本操作

**1. 选区的移动**

选区创建之后,可能还需要移动位置,移动选区不需要使用移动工具,绘制完成后,只需在选区工具选择状态下,保持"新选区"按钮处于选中状态,将鼠标移动到选区内部,鼠标形状就会变为右下角带有小矩形的图标形状,这时按住鼠标左键,即可对选区进行移动。此时,如果要轻微移动选区,还可以按键盘上的"↑""↓""←""→"键来完成移动。

在一幅图像中,若需要选择整幅图像的选区,可以选择"选择"→"全部"菜单命令或使用"Ctrl"+"A"组合键。选择"选择"→"反选"菜单命令或使用"Shift"+"Ctrl"+"I"组合键,可以选择图像中除原选区以外的区域,反选选区常用于对图像中复杂的区域进行间接选择或删除多余背景，如图 1-48 所示。

图 1-48　反选选区

### 2. 取消和隐藏选区

创建完选区后，当需要进行其他操作而不影响选区时，可使用"视图"→"显示"→"选区边缘"命令隐藏选区，也可使用"Ctrl"+"H"组合键进行隐藏，需要重新显示选区时，再次按下"Ctrl"+"H"组合键即可显示。

选区的基本操作还包括修改选区、变换选区、存储和载入选区等，这部分内容在其他章节会进行详细介绍。

## 1.3.4　自由变换

自由变换是指可以通过自由旋转、比例、倾斜、扭曲、透视和变形工具来变换对象。Photoshop 的自由变换功能可以通过"编辑"→"自由变换"菜单命令来实现，或者使用"Ctrl"+"T"组合键，执行"自由变换"命令后，对象周围会出现一个定界框，定界框中央有一个中心点，四周有控制点，如图 1-49 所示。

执行"自由变换"命令后，也可以使用功能键"Ctrl""Shift"和"Alt"键，其中按住"Ctrl"键后用鼠标可以自由移动某个控制点的位置；按住"Shift"键后选择控制点可以锁定原比例进行图像缩放；按住"Alt"键则可以锁定控制中心不变。

在执行了"自由变换"命令的对象上右键单击，会弹出"自由变换"快捷菜单，可以进一步对图像进行变换，如图 1-50 所示。

利用快捷菜单中的命令可以得到不同的变换效果，如图 1-51 所示。

- 旋转 180°：将图像旋转半圈。
- 旋转 90°（顺时针）：将图像按顺时针方向旋转四分之一圈。
- 旋转 90°（逆时针）：将图像按逆时针方向旋转四分之一圈。
- 水平翻转：将图像沿着垂直轴水平翻转。
- 垂直翻转：将图像沿着水平轴垂直翻转。
- 缩放：将指针放在控制点上，当鼠标指针变成双箭头时拖动即可，同时按住"Shift"键可以等比例缩放图像。
- 旋转：将指针移到变形控制框的外面，当指针出现弯曲的双向箭头后旋转即可。按住"Shift"键可以限制以 15°的增量旋转图。

图 1-49　定界框　　　　　　　　　　　图 1-50　"自由变换"快捷菜单

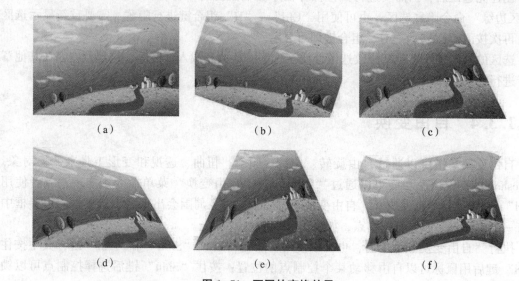

图 1-51　不同的变换效果
（a）原图；（b）旋转；（c）斜切；（d）扭曲；（e）透视；（f）变形

➢ 斜切：将指针移到外形控制框的外面，然后拖动控制点即可。
➢ 扭曲：按住"Ctrl"键的同时移动控制点可以自由扭曲，按住"Alt"键的同时拖动控制点可以相对定界框的中心点扭曲。
➢ 透视：拖动控制点，能使图像产生透视效果。
➢ 变形：可以拖移网格内的控制点、线或区域，以更改定界框和网格的形状。

**学习笔记**

# 项目二 制作艺术照片

### 知识目标

- 掌握前景色及背景色的设置方法
- 熟练进行图像的缩放及平移
- 掌握油漆桶工具填充颜色的方法
- 掌握图层的基本操作,学会新建、删除、复制、排列、显示及隐藏图层
- 熟练掌握图像大小调整方法并能够运用裁剪工具进行图像裁剪
- 掌握选区的相关操作

### 技能目标

- 能够熟练运用选区、裁剪等工具进行图像处理
- 能够熟练运用图层及其相关属性完成图像的合成操作

### 素质目标

- 培养学生对裁剪、选区、图层等工具的运用能力
- 进一步培养学生利用 Photoshop 进行图像合成的能力

# 实训任务一　填充图像

## 任务清单 2-1　填充图像

| 项目名称 | 任务清单内容 |
| --- | --- |
| 任务情境 | Mary 看到了一张图像，她想对这张图像进行填色装饰，通过上网搜索，她发现 Photoshop 中的油漆桶工具可以完成这项操作。 |
| 任务目标 | （1）掌握油漆桶工具填充颜色的方法；<br>（2）掌握前景色及背景色的设置方法；<br>（3）熟练进行图像的缩放及平移。 |
| 任务要求 | 请根据任务情境，通过知识点学习，完成以下任务：<br>（1）选择合适的前景色；<br>（2）利用油漆桶工具实现图像的颜色填充。 |
| 任务思考 | （1）如何进行前景色和背景色的更改？<br>（2）如何实现前景色和背景色的快速切换？<br>（3）Photoshop 中默认的前景色和背景色是什么颜色？如何快速恢复为默认前景色和背景色？ |
| 任务实施 | （1）打开"女孩"文件，如图 2-1 所示。 <br><br>图 2-1　"女孩"文件<br><br>（2）单击工具箱中的前景色工具，弹出"拾色器（前景色）"对话框，在 RGB 颜色模式中设置 RGB 颜色，如图 2-2 所示。 |

续表

| 项目名称 | 任务清单内容 |
| --- | --- |
| 任务实施 | （3）单击工具箱中的背景色工具，弹出"拾色器（背景色）"对话框，在RGB颜色模式中设置RGB颜色，如图2-3所示。<br> <br>图2-2 "拾色器（前景色）"对话框　　图2-3 "拾色器（背景色）"对话框<br><br>（4）选择工具箱中的油漆桶工具，如图2-4所示，分别将光标移动到苹果、草莓、西瓜瓤图像上单击，为它们填充前景色。按"X"键切换前景色和背景色，继续利用油漆桶工具填充冰激凌。<br><br>（5）按"F6"键打开"颜色"面板，单击"颜色"面板左上角的前景色工具，单击颜色条中的淡紫色，设置前景色，背景色设置为天蓝色，也可用RGB值设定前景色和背景色，如图2-5所示。<br><br>图2-4 油漆桶工具<br>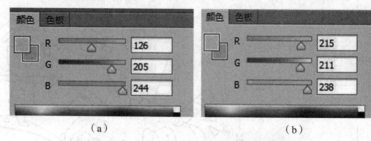<br>（a）　　　　　　　　（b）<br>图2-5 用RGB值设定前景色和背景色<br>（a）设定前景色；（b）设定背景色<br><br>（6）选择工具箱中的油漆桶工具分别将光标移动到背景装饰、女孩上衣图像上单击，为它们填充前景色。按"X"键切换前景色和背景色，继续利用油漆桶工具填充图像，如图2-6所示。<br>（7）在"色板"面板中选择合适颜色，对图像进行填充，按"Ctrl"+"+"组合键将图像放大，按"空格"键变为抓手平移图像，选择颜色，将油漆桶箭头对准图像中的线条分别进行填充。<br>（8）按"I"键可以切换为吸管工具，在图像中吸取已有颜色设为前景色。<br>（9）填充完毕，单击"文件"→"存储为"命令，保存图像为"女孩完成.jpg"。<br>（10）完成效果如图2-7所示（颜色可自由选择）。 |

续表

| 项目名称 | 任务清单内容 |
|---|---|
| 任务实施 | <br>图 2-6　用油漆桶工具填充图像　　图 2-7　完成效果<br>（11）打开填充颜色及填充颜色1文件，进行填色练习。 |
| 任务总结 | |
| 实施人员 | |
| 任务点评 | |

**知识要点**

## 2.1.1　前景色和背景色

Photoshop 工具箱的底部有一组设置前景色和背景色的图标，该图标组可用于设置前景色和背景色，进而进行填充等相关操作，如图 2-8 所示。

图 2-8　设置前景色和背景色的图标

单击前景色或背景色色块，将弹出如图 2-9 所示的"拾色器"对话框。在色域中拖动鼠标可以改变当前拾取的颜色，拖动颜色滑块可以调整颜色范围。按下"Alt"+"Delete"组合键可直接填充前景色，按下"Ctrl"+"Delete"组合键可以直接填充背景色。

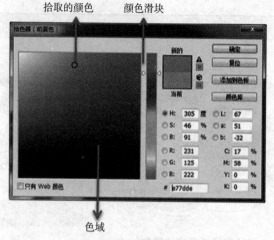

图 2-9 "拾色器"对话框

单击"切换前景色和背景色"按钮（或按下快捷键"X"），可将前景色和背景色互换。

恢复默认的前景色和背景色可以单击"默认前景色和背景色"按钮（或按下快捷键"D"），即可设置前景色为黑色，背景色为白色。

## 2.1.2 缩放和抓手

### 1. 抓手工具

当图像尺寸较大，或者由于放大窗口的显示比例而不能显示全部图像时，窗口中将自动出现垂直或水平滚动条。这时，如果要查看图像的隐藏区域，可以使用抓手工具移动画面。

按"空格"键或者"H"键也可以快速切换至抓手工具实现图像的平移。

### 2. 缩放工具

编辑图像时，为了查看图像中的细节，经常需要对图像在屏幕中的显示比例进行放大或缩小，这时就需要用到缩放工具。选择缩放工具（快捷键为"Z"），当光标变为形状时，在图像窗口中单击，即可放大图像到下一个预设百分比；按住"Alt"键单击，可以缩小图像到下一个预设百分比。

**PS小贴士**

在 Photoshop 中编辑图像时，有一些缩放图像的小技巧，具体如下：
按下"Ctrl"+"+"组合键，能以一定的比例快速放大图像。
按下"Ctrl"+"-"组合键，能以一定的比例快速缩小图像。
按下"Ctrl"+"1"组合键，能使图像以100%的比例（即实际像素）显示。
按下"Ctrl"+"0"组合键，能使图像满屏显示。

# 实训任务二 艺术相片

## 任务清单2-2 制作艺术相片

| 项目名称 | 任务清单内容 |
| --- | --- |
| 任务情境 | 知道Mary在学习PS，朋友拿来一张照片让她帮忙制作一张七寸艺术照，这可难住了Mary，她只会简单地把给定的图像进行合成，只有一张照片她怎么才能做成一张好看的艺术照呢？ |
| 任务目标 | （1）掌握图层的基本操作，学会新建、删除、复制、排列、显示及隐藏图层；<br>（2）掌握图层不透明度及填充的作用；<br>（3）熟练掌握图像大小调整方法并能够运用裁剪工具进行图像裁剪。 |
| 任务要求 | 请根据任务情境，通过知识点学习，完成以下任务：<br>（1）对素材图像进行裁剪，保留需要的部分；<br>（2）新建图层制作装饰图层；<br>（3）新建文字图层输入装饰文字。 |
| 任务思考 | （1）图层的不透明度和填充有什么区别？<br>（2）图层的分布操作对图层数量有什么要求？<br>（3）常用的照片尺寸分别是多少？ |
| 任务实施 | （1）打开素材艺术照片。<br>（2）选择裁剪工具，在裁剪工具属性栏中设置当前比例为"5×7"，单击右侧旋转按钮，切换长度和宽度比，选择裁剪区域，按"Enter"键确认对图像进行裁剪，如图2-10所示。 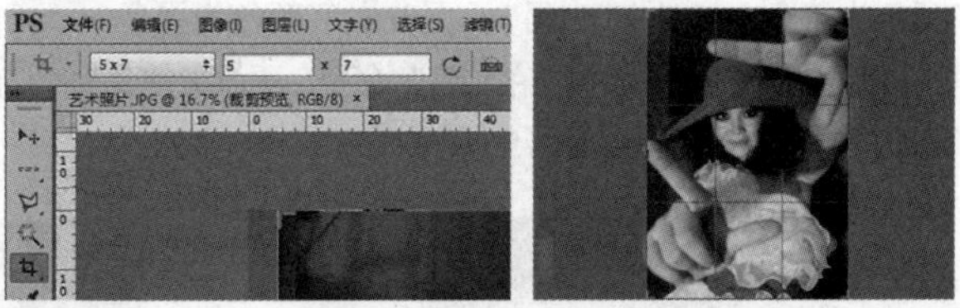<br><br>（a）　　　　　　　　　（b）<br>图2-10　对图像进行裁剪<br>（a）裁剪工具；（b）选择裁剪区域<br><br>（3）按"Ctrl"＋"Shift"＋"N"组合键创建新图层，新图层命名为"遮盖"，如图2-11所示，然后单击"确定"按钮。 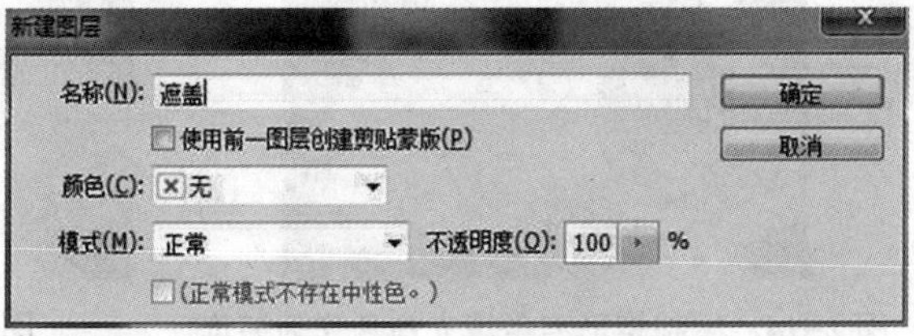<br><br>图2-11　创建新图层 |

续表

| 项目名称 | 任务清单内容 |
| --- | --- |
| 任务实施 | （4）按"D"键切换为默认前景色和背景色，选中遮盖层，按"Ctrl"+"Delete"组合键进行背景色白色填充，按"5"键调整遮盖图层不透明度为"50%"，如图2-12所示。<br>（5）选中遮盖层，按"M"键选中矩形选框工具，在图像中人脸部分绘制矩形选区，按"Delete"键删除选取内容，按"Ctrl"+"D"键取消选区，如图2-13所示。<br><br> <br>图2-12 调整遮盖图层不透明度为"50%"　　图2-13 在图像中人脸部分绘制矩形选区<br><br>（6）新建图层，利用矩形选框工具绘制矩形窄条填充白色作为装饰，按"Ctrl"+"D"组合键取消选区，按"V"键选中移动工具，按"Alt"键单击拖动刚才绘制好的装饰条，复制一份，摆放在合适位置，如图2-14所示。<br>（7）用直排文字工具选择合适字体及大小，输入"青春映画"，选中青春两字更改文字颜色为紫色，选中"映画"，更改文字颜色为黑色。<br>（8）单击"文件"→"存储为"命令，更改文件名为"艺术照片完成.psd"并进行保存。<br>（9）完成效果如图2-15所示。<br><br> 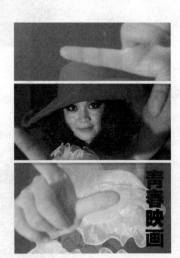<br>图2-14 绘制矩形窄条填充白色作为装饰　　图2-15 完成效果 |

续表

| 项目名称 | 任务清单内容 |
| --- | --- |
| 任务总结 | |
| 实施人员 | |
| 任务点评 | |

## 2.2.1 图层的概念及分类

**1. 图层的概念**

在 Photoshop 中所有操作都是基于图层的,图层的原理其实非常简单,就像是含有文字或图形等元素的透明胶片,一张张按顺序叠放,组合成画面的最终效果;多图层图像的最大优点是可以单独处理单个图层,而不会影响图像中的其他图层。用户可以独立地对各个图层中的图像内容进行编辑、修改、效果处理等各种操作。

**2. 图层的分类**

在 Photoshop 中,可以创建多种类型的图层,不同的图层有不同的功能和用途,在"图层"面板中的显示状态也不同,如图 2-16 所示。

图 2-16 图层的分类

Photoshop CC 2018 给我们提供了 7 种图层：背景图层、普通图层、调整图层、填充图层、文字图层、形状图层、智能对象。

背景图层：新建的图像通常只有一个图层，那就是背景图层。背景图层不可以调节图层顺序，永远在最下边，不可以调节不透明度和加图层样式，以及蒙版。可以使用画笔、渐变、图章和修饰工具。双击背景图层解锁后，可以变为普通图层。

普通图层：最常见的一种图层，可以进行一切操作。

调整图层：可以不破坏原图的情况下，对该图层下方图层的色调、色彩进行调整。

填充图层：填充图层也是一种带蒙版的图层。内容为纯色、渐变和图案，可以转换成调整层，可以通过编辑蒙版，制作融合效果。

文字图层：通过文字工具，可以创建。文字图层不可以进行滤镜、图层样式等的操作。

形状图层：利用形状工具绘制形状时自动创建的图层。

智能对象：智能对象是一个嵌入到当前文档中的文件，它可以包含图像，也可以包含在 Adobe Illustrator 中创建的矢量图形。智能对象与普通图层的区别在于，它能够保留对象的源内容和所有的原始特征，在 Photoshop 中对其进行放大、缩小及旋转时，图像不会失真。智能对象图层虽然有很多优势，但是在某些情况下却无法直接对其编辑，例如使用选区工具删除智能对象时，将会报错。这时就需要将智能对象转换为普通图层。选择智能对象所在的图层，执行"栅格化图层"命令，可以将智能对象图层转换为普通图层，原图层缩略图上的智能对象图标会消失。

## 2.2.2 图层的基本操作

在 Photoshop 中图层的基本操作很多都可以在"图层"面板完成，也可以通过菜单实现，如图 2-17 所示。

### 1. 新建图层

选择"图层"→"新建"→"图层"菜单命令，在打开的"新建图层"对话框中，设置图层的名称、颜色、模式、不透明度，然后单击"确定"按钮，得到新建图层；也可单击"图层"面板底部的"创建新图层"按钮，新建普通图层，如图 2-18 所示。

图 2-17 "图层"面板

图 2-18 新建图层

## 2. 修改图层名称

选择需要修改名称的图层，执行"图层"→"重命名图层"菜单命令，或直接双击该图层的名称，使其呈可编辑状态，然后输入新的名称即可，如图 2-19 所示。

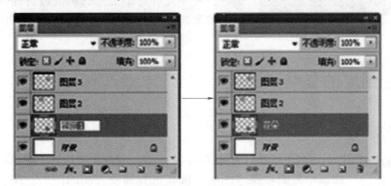

图 2-19 修改图层名称

## 3. 显示与隐藏图层

单击"图层"面板前方的"眼睛" 图标，可隐藏"图层"面板中的图像，再次单击该图标可显示"图层"面板中的图像，如图 2-20 所示。

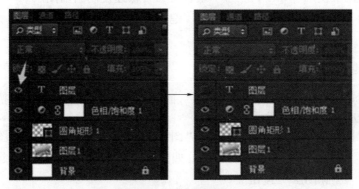

图 2-20 显示与隐藏图层

若在按住"Alt"键的同时，在"图层"面板中单击某图层名称前面的 图标，可以隐藏该图层之外的所有图层。

## 4. 锁定图层

"锁定图层"按钮位于"图层"面板，当用鼠标单击呈深色显示时，选中图层右侧会出现 ，此时右键处于锁定状态，再次单击可解锁。

"锁定透明像素"按钮 ：当前图层上透明的部分被保护起来，不允许被编辑，后面的所有操作只对不透明图像起作用。

"锁定图像像素"按钮 ：当前图层被锁定，不管是透明区域还是图像区域都不允许填色或进行色彩编辑。此时，如果将绘图工具移动到图像窗口上会出现无效图标。该功能对背景图层无效。

"锁定位置"按钮：当前图层的变形编辑将被锁住，使图层上的图像不允许被移动或进行各种变形编辑。但仍然可以对该图层进行填充或描边等操作。

"锁定全部"按钮：当前图层的所有编辑将被锁住，将不允许对图层上的图像进行任何操作。此时只能改变图层的叠放顺序，如图 2-21 所示。

图 2-21 "锁定"全部按钮

### 2.2.3 图层的复制和删除

**1. 图层的复制**

在 Photoshop 中可以对图层进行复制来得到相同的元素。复制图层的方法有多种，具体如下：

（1）在"图层"面板中复制：在"图层"面板选择需要复制的图层，按住鼠标左键将其拖动到"图层"面板底部的"创建新图层"按钮上，释放鼠标。

（2）通过命令复制：选择需要复制的图层，执行"图层"→"复制图层"菜单命令，打开"复制图层"对话框，在"为"文本框中输入图层名称并设置目标文档位置选项，单击"确定"按钮即可复制图层。选择一个图层，单击鼠标右键，执行"复制图层"命令，也可打开"复制图层"对话框，如图 2-22 所示。

（3）对当前图层使用"Ctrl"+"J"组合键，可快速复制当前图层。

（4）在移动工具状态下，按住"Alt"键不放，选中需要复制的图层并拖动即可复制当前图层。

**2. 图层的删除**

（1）通过菜单命令删除图层：在"图层"面板中选择要删除的图层，执行"图层"→"删除"→"图层"菜单命令即可。

（2）通过"图层"面板删除图层：在"图层"面板中选择要删除的图层，单击"图层"面板底部的"删除图层"按钮即可，如图 2-23 所示。还可以按住鼠标左键将选中图层直接拖动至"删除图层"按钮上。

图 2-22 复制图层

图 2-23 删除图层

> **PS小贴士**
>
> 在 Photoshop 中,用户可以同时选中多个图层,以便对这些图层中的图像统一进行移动、变换、对齐与分布等操作。在"图层"面板中选择图层的方法如下:
>
> 在"图层"面板中单击某个图层可选中该图层,将其置为当前图层。
>
> 要选择多个连续的图层,可在按住"Shift"键的同时单击首尾两个图层。
>
> 要选择多个不连续的图层,可在按住"Ctrl"键的同时依次单击要选择的图层。注意:按住"Ctrl"键单击时,不要单击图层缩览图,否则将载入该图层的选区。
>
> 要选择所有图层(背景图层除外),可通过执行"选择"→"所有图层"菜单命令实现。
>
> 要选择所有相似图层(与当前图层类似的图层),例如,要选择当前图像中的所有文字图层,可先选中一个文字图层,然后执行"选择"→"相似图层"菜单命令即可。

## 2.2.4 图层的排列

在"图层"面板中,图层是按照创建的先后顺序堆叠排列的。将一个图层拖动到另外一个图层的上面(或下面),即可调整图层的堆叠顺序。改变图层顺序会影响图层的显示效果。

### 1. 改变图层的顺序

选择要移动的图层,执行"图层"→"排列"菜单命令,从打开的子菜单中选择需要的命令即可移动图层,也可以按住鼠标左键拖动图层至目标位置,出现白线时释放鼠标,图层将移动至白线处,如图 2-24 所示。

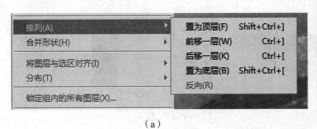

(a) (b)

图 2-24 改变图层的顺序

(a) 执行"图层"→"排列"菜单命令;(b) 图层将移动至白线处

"置为顶层"(快捷键为"Shift"+"Ctrl"+"]")为将所选图层调整到最顶层;

"前移一层"(快捷键为"Ctrl"+"]")或"后移一层"(快捷键为"Ctrl"+"[")为将所选图层向上或向下移动一个堆叠顺序;

"置为底层"(快捷键为"Shift"+"Ctrl"+"[")为将所选图层调整到最底层。

## 2. 对齐图层

若要将多个图层中的图像内容对齐，可以通过按"Shift"键，在"图层"面板中选择多个图层，然后执行"图层"→"对齐"菜单命令，在其子菜单中选择对齐命令进行对齐，选择好图层后，在移动工具选中状态下，利用工具栏中的对齐工具也可实现此操作，如图2-25所示。

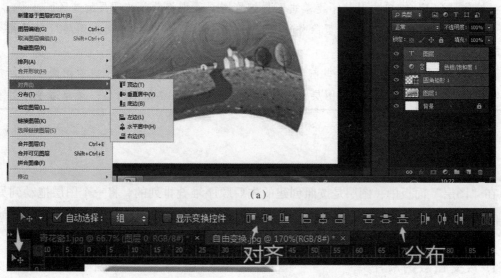

图 2-25 对齐图层

（a）执行"图层"→"对齐"菜单命令；（b）工具栏中的对齐工具

## 3. 分布操作

若要让3个或更多的图层采用一定的规律均匀分布，可选择这些图层，然后执行"图层"→"分布"菜单命令，在其子菜单中选择相应的分布命令，如图2-26所示。

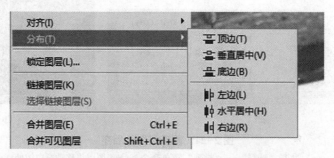

图 2-26 执行"图层"→"分布"菜单命令

对五个形状图层先执行右对齐 操作，再执行垂直居中分布 操作后的原图和对比效果图如图2-27所示。

图 2-27 原图和对比效果图

（a）原图；（b）对比效果图

## 2.2.5 图层的透明度和填充

图层不透明度 不透明度：100%：通过修改图层的不透明度可改变图像的显示效果，"100%"为完全显示，不透明度对整个图层均起作用。

图层填充 填充：100%：通过修改图层的填充也可改变图像的显示效果，但使用填充时，只有图层内容受影响，其图层样式不受影响。

例如：我们打开原图素材，当将图层整体不透明度设为 50% 时，所选图层内容和描边样式均受影响，而仅将图层填充设为 50% 时，所选图层内容受影响，描边样式不受影响，分别设置不透明度和填充后的显示效果如图 2-28 所示。

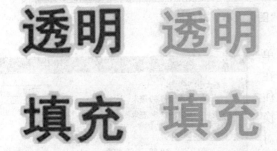

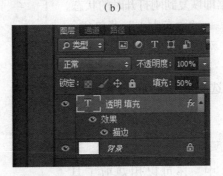

图 2-28 图层的透明度和填充

（a）原图；（b）不透明度设为 50%；（c）图层填充设为 50%

## 2.2.6 图像大小及裁剪工具

**1. 图像大小**

选择"图像"→"图像大小"菜单命令，或按"Ctrl"+"Alt"+"I"组合键弹出"图像大小"对话框，在打开的对话框中可设置图像的宽度、高度、分辨率，在该对话框中，"宽度"与"高度"之间有一个默认的链接符号 ，改变宽度和高度值中的任何一个时另一个也会随之改变，以保持图像宽高比例不变。若单击该链接符号，链接会自动去除，在图像的宽高值之间，若改变其中一项则另一项保持不变；在"调整为"选项中，也可自行选择 Photoshop 自带的尺寸，如图 2-29 所示。

图 2-29 "图像大小"对话框

在该对话框中重设高度和宽度值后，单击"确定"按钮，图像大小即调整完成。在设置过程中，若对设置值不满意，则按住"Alt"键，对话框中的"取消"按钮即切换为"复位"按钮，单击"复位"按钮，则对话框中的各项数据即恢复到刚打开时的状态。

选择"图像"→"画布大小"菜单命令，打开"画布大小"对话框，在其中可以修改画布的"宽度"和"高度"参数，移动中间的原点位置，可以选择扩展画布的方向，如图 2-30 所示。

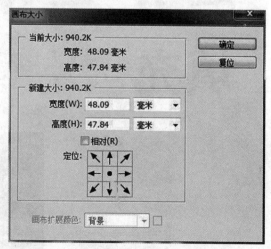

图 2-30 "画布大小"对话框

**2. 裁剪工具**

在 Photoshop 中，还可以用裁剪工具、裁剪命令、透视裁剪工具对图像进行裁剪，重新定义画布的大小。

裁剪工具 是 Photoshop 中最常用的工具之一，其属性栏如图 2-31 所示。

图 2-31 "裁剪工具"属性栏

裁剪比例：单击如图 2-32 所示的下拉按钮，可打开裁剪比例选项；如果图像中有选区，则该选项显示为选区。

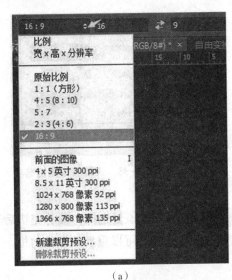

(a)　　　　　　　　　　　　　(b)

图 2-32 裁剪比例

(a) 裁剪比例选项；(b) 图像中有选区的显示

裁剪输入框 ：可设置裁剪的自定长宽比。

"拉直"按钮 ：通过在图像上画一条线来拉直该图像，拉直效果如图 2-33 所示。

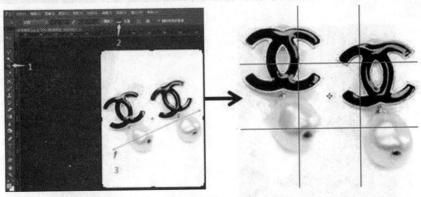

图 2-33 拉直效果

"视图"按钮 ：该选项可设置裁剪框的视图形式，借助选项中提供的视图参考线可以裁剪出完美的构图。视图选项如图 2-34 所示。

"设置其他裁切选项"按钮 ⚙ ：可设置裁剪框的显示区域，以及裁剪屏蔽区域的颜色与不透明度。默认情况下，保留画面会自动保持在中央，被剪裁区域以一定的不透明度显示，该选项如图 2-35 所示。

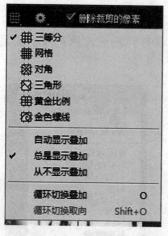

图 2-34 视图选项

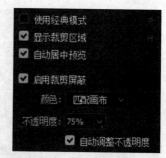

图 2-35 设置其他裁切选项

"删除裁剪的像素"复选框 ☑删除裁剪的像素 ：若不勾选该复选框，裁剪完毕后可继续选择裁剪工具，单击图像区域，仍可显示裁切前的状态，并且可以重新调整裁剪框。勾选该复选框后，裁剪完毕后的图像将不可更改。

### 3. 透视裁剪工具

裁剪工具只允许以正四边形裁剪画面；而透视裁剪工具使用时，用户只需要分别单击画面中的 4 个点，即可定义一个任意形状的四边形。进行裁剪时，软件会对选中的画面区域进行裁剪，同时会将选定区域变形为矩形。"透视裁剪工具"属性栏和透视裁剪效果如图 2-36 所示。

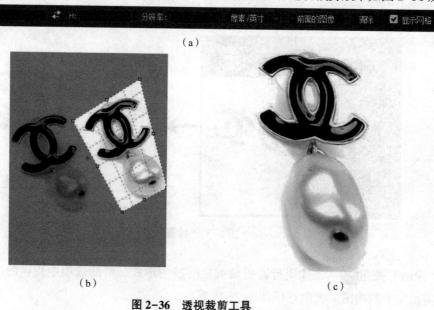

图 2-36 透视裁剪工具

(a)"透视裁剪工具"属性栏；(b) 选中的画面区域；(c) 透视裁剪效果

# 实训任务三 剪影海报

## 任务清单2-3 制作剪影海报

| 项目名称 | 任务清单内容 |
|---|---|
| 任务情境 | Mary看到一些剪影海报,她发现剪影海报相对来说比较简洁,不过需要较多的剪影素材,只要把想要的元素转为剪影素材就可以,她开始搜集素材给自己生活的城市——济南制作一幅剪影海报。同时,她发现,剪影不一定局限于黑色,还可以运用多种色彩呈现。同学们也可以给你自己的家乡制作一幅色彩城市剪影海报。 |
| 任务目标 | (1) 掌握选区修改的方法;<br>(2) 掌握选区的变换以及描边、填色等操作;<br>(3) 掌握选区的存储与载入的方法。 |
| 任务要求 | 请根据任务情境,通过知识点学习,完成以下任务:<br>(1) 载入选区并复制选区内容;<br>(2) 利用选区的修改和变换以及描边填色等操作完成剪影海报的制作。 |
| 任务思考 | (1) 选区变换和自由变换有什么区别?<br>(2) 存储选区操作将选区存放在哪里?<br>(3) 选区填充时,可以选择的填充内容有哪些? |
| 任务实施 | (1) 打开剪影背景、泉标素材。<br>(2) 在泉标素材中使用"选择"→"载入选区"命令载入泉标选区,按"Ctrl"+"C"组合键复制图像,切换至剪影背景图像文件中后按"Ctrl"+"V"组合键进行粘贴,按"Ctrl"+"T"组合键进行自由变换,调整泉标图像大小位置,如图2-37所示。<br>(3) 修改泉标图层名称为"泉标",按"V"键切换到移动工具,按"Ctrl"键单击泉标图层缩览图创建选区,如图2-38所示。<br>(4) 设置前景色为黑色:按"Alt"+"Delete"组合键对选区进行黑色填充,按"Ctrl"+"D"组合键取消选区,效果如图2-39所示。<br>(5) 利用同样的方法,完成东荷西柳、大佛、绿地等图像的复制和颜色填充,按"Ctrl"+"T"组合键调整到合适大小,效果如图2-40所示。<br>(6) 打开文字素材,选择文字复制到剪影背景中,执行"编辑"→"描边"命令,设置参数如图2-41所示,单击"确定"按钮,描边后按"Delete"删除原有选区内容,描边文字效果如图2-41所示。<br>(7) 案例制作完成后,选择"文件"→"存储为"命令,将文件存储为"城市剪影.psd。"<br>(8) 完成效果如图2-42所示。<br>(9) 自己上网搜集素材,制作不同城市剪影图像。 |

续表

| 项目名称 | 任务清单内容 |
| --- | --- |
| 任务实施 |  图 2-37　调整泉标图像大小位置 　　　图 2-38　创建选区 <br><br>图 2-39　对选区进行黑色填充 　　　图 2-40　东荷西柳、大佛、绿地等<br>　　　　　　　　　　　　　　　　　　　　　　图像的复制和颜色填充 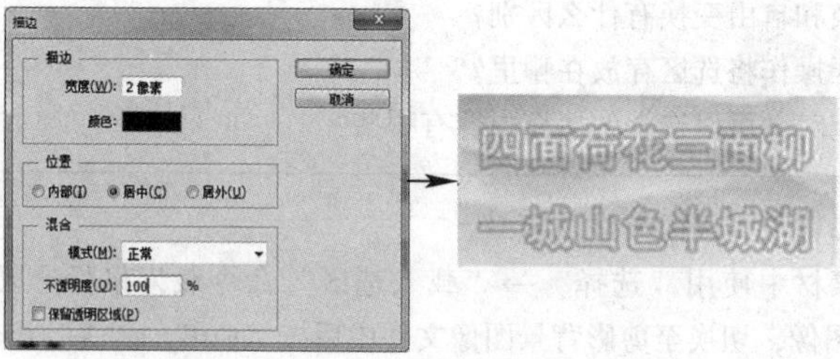<br><br>图 2-41　描边文字效果 　　　　　　图 2-42　完成效果 |
| 任务总结 | |
| 实施人员 | |
| 任务点评 | |

## 2.3.1 选区的修改

利用"选择"→"修改"命令可对选区进行更加细致的修改,"修改"命令中包含边界、平滑、扩展、收缩、羽化等工具,如图2-43所示。

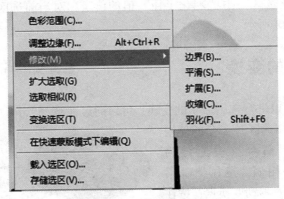

图2-43 "修改"命令

边界:在保留当前选区的情况下,通过"边界选区"对话框中宽度值的设定,重新生成新的选区,如图2-44所示。

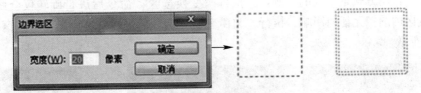

图2-44 "边界选区"对话框

平滑:通过设定"平滑选区"的"取样半径"参数,对选区边缘进行平滑处理,如图2-45所示。

图2-45 对选区边缘进行平滑处理

扩展:通过"扩展选区"中"扩展量"值的设定,对当前选区边缘按照设定数值等比例向外扩展,如图2-46所示。

收缩:通过"收缩选区"中"收缩量"值的设定,对当前选区边缘按照设定数值等比例向内收缩，如图 2-47 所示。

图 2-46 扩展选区　　　　　图 2-47 收缩选区

羽化：通过"羽化选区"中"羽化半径"值的设定，对当前选区边缘按照设定数值进行羽化处理，如图 2-48 所示。

### 2.3.2 选区的变换

创建好的选区也可以进行选区形状的变换，可以通过"选择"→"变换选区"菜单命令对选区进行变换。"变换选区"命令的使用技巧与"自由变换"命令（快捷键为"Ctrl"+"T"）有些相似，按住"Ctrl"键，单击鼠标左键可随意移动变换点，按住"Shift"键可等比例对选区（非选区内图像）进行缩放，按住"Alt"键可以变换中

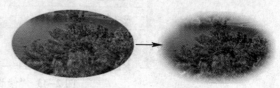

图 2-48 羽化选区

点为原点进行缩放，按住"Shift"+"Alt"组合键可对原选区进行以变换中点为原点的等比例缩放。但二者作用方式是不同的，例如，执行"变换选区"命令后进行旋转仅会修改选区的范围，对选区内图像无任何影响，执行"自由变换"命令后进行旋转则是修改选区内的图像，如图 2-49 所示。

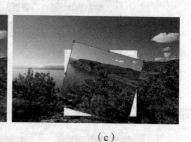

(a)　　　　　　　　　　　(b)　　　　　　　　　　　(c)

图 2-49 选区的变换

(a) 原选区；(b) "变换选区"后进行旋转；(c) "自由变换"后进行旋转

### 2.3.3 选区的描边与填充

选区创建完成后，还可对选区进行描边及填充操作，可结合"编辑"→"填充"（快捷键为"Shift"+"F5"）和"编辑"→"描边"命令进行图形的创作。"填充"命令用于填充选区内部，生成新的图形，如图 2-50（a）所示，打开项目二素材 2.3 中"填充与描边"图像，

运用魔棒工具选择白色背景部分，执行"反选"命令（快捷键为"Shift"+"Ctrl"+"I"），选择填充方式为"颜色"之后，可在"颜色"面板中任意选取一个颜色对选区进行填充。"描边"命令用于描边选区的边缘，对选区内部不起作用。例如，设定宽度为 5 像素、颜色为黄色、位置为居外，可对选区边缘进行描边，如图 2-50（b）所示。

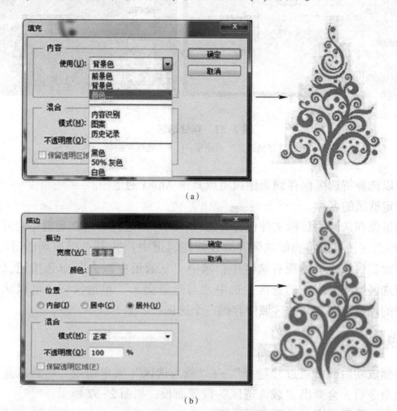

图 2-50 选区的描边与填充
（a）对选区进行填充；（b）对选区边缘进行描边

## 2.3.4 选区的存储与载入

### 1. 存储选区

打开项目二素材 2.3 中"花纹"图像，运用魔棒工具选择白色背景部分，执行"反选"命令（快捷键为"Shift"+"Ctrl"+"I"），选区创建完成之后，可通过"存储选区"的方式将本次选区进行保存，单击"选择"→"存储选区"菜单命令，弹出"存储选区"对话框，如图 2-51（a）所示。存储成功后，"通道"面板会出现一个新的通道"花纹"，如图 2-51（b）所示。

"存储选区"设置面板包含两部分：目标、操作。"目标"部分包含：文档、通道、名称；"操作"部分包含：新建通道、添加到通道、从通道中减去、与通道交叉。

文档：在下拉列表中可以选择保存选区的目标文件，默认状态下选区保存在当前文档中，也可以手动将选区保存在新建文档中。

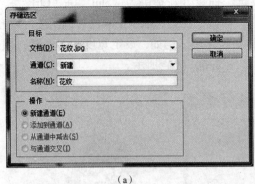 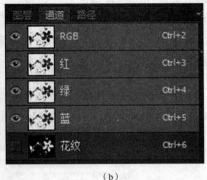

(a) (b)

图 2-51 存储选区

(a)"存储选区"对话框；(b)"通道"面板

通道：可以选择将选区保存到新建通道或其他 Alpha 通道中。

名称：设定选区的名称。

操作：如果保存选区的目标文件包含有选区，则可以选择如何在通道中合并选区。选中"新建通道"单选按钮可以将当前选区存储在新建通道中；选中"添加到通道"单选按钮，可以将选区添加到目标通道的现有选区中；选中"从通道中减去"单选按钮，可以从目标通道内的现有选区中减去当前的选区；选中"与通道交叉"单选按钮，可以从与当前选区和目标通道中的现有选区交叉的区域中存储一个选区。

### 2. 载入选区

当选区存储成功后，可通过"选择"→"载入选区"菜单命令，将选区重新载入到图像中，执行该命令后，会弹出"载入选区"设置面板，如图 2-52 所示。

"载入选区"设置面板包含两部分：源、操作。"源"部分包含：文档、通道、反相；"操作"部分包含：新建选区、添加到选区、从选区中减去、与选区交叉。

文档：用来选择包含选区的目标文件。

通道：用来选择包含选区的通道。

反相：可以反转选区，相当于载入选区后执行"反相"命令。

操作：如果当前文档中包含选区，可以通过该选项设置如何合并载入的选区。选中

图 2-52 "载入选区"设置面板

"新建选区"单选按钮，可用载入的选区替换当前选区；选中"添加到选区"单选按钮，可将载入的选区添加到当前选区中；选中"从选区中减去"单选按钮，可从当前选区中减去载入的选区；选中"与选区交叉"单选按钮，可得到载入的选区与当前选区交叉的区域。

## 学习笔记

# 项目三 照片修复与修饰

### 知识目标

- 掌握调整图像色调的方法
- 掌握曲线工具的使用方法
- 掌握图像修复工具的使用方法
- 掌握各种图像修饰工具的使用方法

### 技能目标

- 能够熟练运用曲线工具对图像的色调进行调整
- 能够熟练、灵活地运用各种修复工具

### 素质目标

- 培养学生依据任务需求进行图像处理的基本素质
- 培养学生运用 Photoshop 进行图像修复和修饰的基本能力
- 培养学生对曲线工具和修复工具的运用能力

# 实训任务一　调整曝光不足的照片

**任务清单 3-1　调整图像色调的基本操作**

| 项目名称 | 任务清单内容 |
| --- | --- |
| 任务情境 | 　　Mary 拍了很多美丽的风景照片，但是由于天气的原因，照片色彩不明艳，出现曝光不足的现象，请你利用掌握的图像处理基础知识及色调调整的基本操作，灵活运用所学知识帮助 Mary 修改这些曝光不足的照片。 |
| 任务目标 | （1）掌握调整图像色调的方法；<br>（2）了解图像色彩的变化规律并掌握调整方法；<br>（3）熟练运用曲线工具完成图像色调的调整。 |
| 任务要求 | 请根据任务情境，通过知识点学习，完成以下任务：<br>（1）能使用曲线命令调整照片的色调。<br>（2）能熟练地运用曲线命令处理不同的画面效果。 |
| 任务思考 | （1）曲线与色阶、亮度/对比度、曝光度有什么区别？<br>（2）怎样轻微移动曲线工具的控制点？<br>（3）怎样在不同的通道模式下调整色调？ |
| 任务实施 | 　　（1）打开项目三中严重曝光不足的照片素材，如图 3-1 所示。这是一张严重曝光不足的照片，可以看到画面很暗，导致阴影区域的细节非常少。<br>　　（2）按下"Ctrl"+"J"组合键复制"背景"图层，得到"图层 1"，将它的混合模式改为"滤色"，提升图像的整体亮度，如图 3-2 所示。 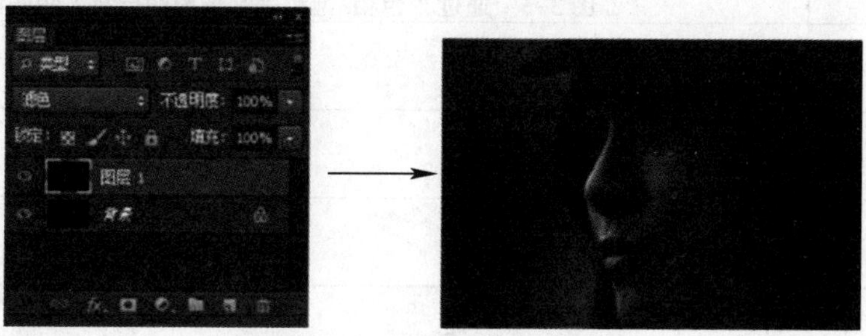<br><br>图 3-1　严重曝光不足的照片<br><br>图 3-2　提升图像的整体亮度 |

续表

| 项目名称 | 任务清单内容 |
| --- | --- |
| 任务实施 | （3）再按下"Ctrl"+"J"组合键，复制这个"滤色"模式的图层，效果如图3-3所示。 <br>（4）单击"调整"面板中的 按钮，创建"曲线"调整图层。在曲线偏下的位置单击，添加一个控制点，然后向上拖动曲线，将暗部区域调亮，如图3-4所示。 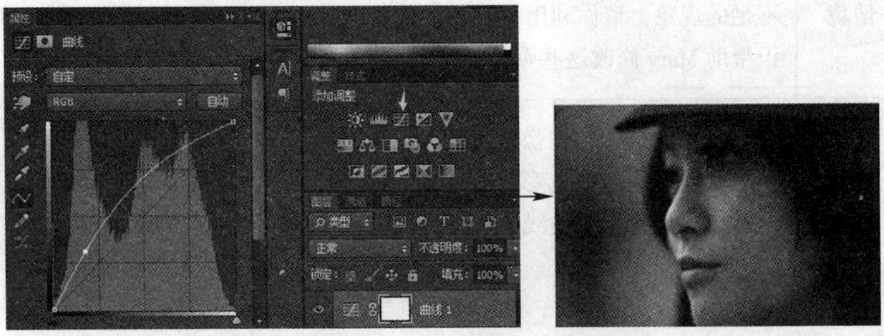<br><br>图3-3 复制"滤色"模式的图层<br><br>图3-4 拖动曲线将暗部区域调亮<br><br>（5）严重曝光不足的照片或多或少都有一些偏色，从现在的调整结果中我们可以看到，图像颜色有些偏红。下面我们来校正色偏。单击"调整"面板中的 按钮，创建"色相/饱和度"调整图层，选择"红色"，拖动"明度"滑块，将红色调亮，可以降低红色的饱和度，将人物肤色调白，如图3-5所示。 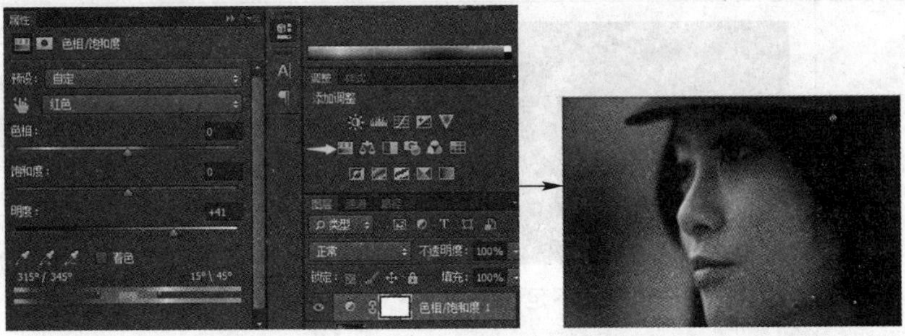<br><br>图3-5 通过"色相/饱和度"调整图层将人物肤色调白 |
| 任务总结 | |
| 实施人员 | |
| 任务点评 | |

## 3.1.1 曲线

"曲线"是 Photoshop 中最强大的调整工具,它具有"色阶""阈值""亮度/对比度"等多个命令的功能。曲线上可以添加 14 个控制点,这意味着我们可以对色调进行非常精确的调整。

## 3.1.2 曲线对话框

**1. 认识"曲线"对话框**

打开一个秋天风景素材文件,如图 3-6 所示,执行"图像"→"调整"→"曲线"命令,或按下"Ctrl"+"M"组合键,打开"曲线"对话框,如图 3-7 所示。在曲线上单击可以添加控制点,拖动控制点改变曲线的形状便可以调整图像的色调和颜色。

单击控制点,可将其选择,按住"Shift"键单击可以选择多个控制点。选择控制点后,按下"Delete"键可将其删除。

图 3-6 秋天风景

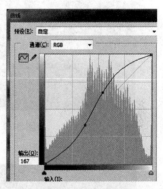
图 3-7 拖动曲线控制点调整图像的色调和颜色

**2. "曲线"命令基本选项**

通道:在下拉列表中可以选择要调整的颜色通道。调整通道会改变图像颜色,如图 3-8 所示。

预设:包含了 Photoshop 提供的各种预设调整文件,可用于调整图像。单击"预设"选项右侧的 按钮,可以打开一个下拉列表,选择"存储预设"命令,可以将当前的调整状态保存为一个预设文件,在对其他图像应用相同的调整时,可以选择"载入预设"命令,用载入的预设文件自动调整;选择"删除当前预设"命令,则删除所存储的预设文件。

通过添加点来调整曲线 :打开"曲线"对话框时,该按钮为按下状态,此时在曲线中单击可添加新的控制点,拖动控制点改变曲线形状,即可调整图像。当图像为 RGB 模式时，曲线向上弯曲，可以将色调调亮，如图 3-9 所示；曲线向下弯曲，可以将色调调暗，如图 3-10 所示。

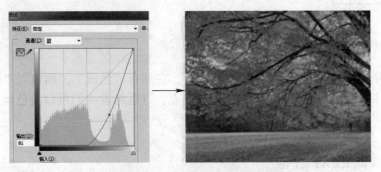

图 3-8　调整通道改变图像颜色

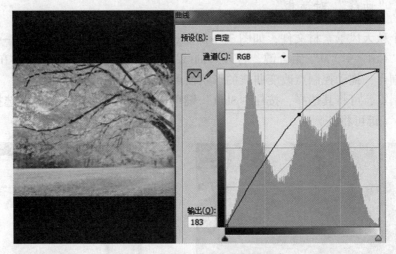

图 3-9　曲线向上弯曲将色调调亮

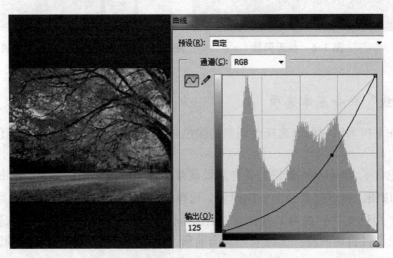

图 3-10　曲线向下弯曲将色调调暗

> **PS小贴士**
> 如果图像为 CMYK 模式，则曲线向上弯曲可以将色调调暗；曲线向下弯曲可以将色调调亮。

使用铅笔工具绘制曲线：按下该按钮后，可绘制手绘效果的自由曲线，如图 3-11 所示，绘制完成后，单击 按钮，曲线上会显示控制点。

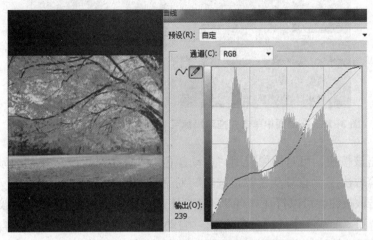

图 3-11 绘制手绘效果的自由曲线

平滑：使用 工具绘制曲线后，单击该按钮，可以对曲线进行平滑处理，如图 3-12 所示。

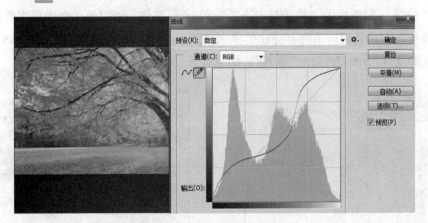

图 3-12 对曲线进行平滑处理

图像调整工具：选择该工具后，将光标放在图像上，曲线上会出现一个空的圆形图形，它代表了光标处的色调在曲线上的位置，如图 3-13 所示，在画面中单击并拖动鼠标可添加控制点并调整相应的色调。

输入色阶、输出色阶：输入色阶显示了调整前的像素值，输出色阶显示了调整后的像素值。

设置黑场、设置灰场、设置白场：这几个工具与"色阶"对话框中的相应工具完全一样。

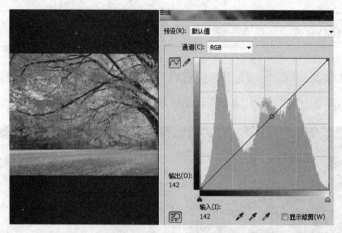

图 3-13　在画面中单击并拖动鼠标可添加控制点并调整相应的色调

自动：单击该按钮，可对图像应用"自动颜色""自动对比度"或"自动色调"校正。具体的校正内容取决于"自动颜色校正选项"对话框中的设置。

选项：单击该按钮，可以打开"自动颜色校正选项"对话框，"自动颜色校正选项"用来控制由"色阶"和"曲线"中的"自动颜色""自动色调""自动对比度"和"自动"选项应用的色调和颜色校正。它允许指定阴影和高光剪切百分比，并为阴影、中间调和高光指定颜色值。

**3. 曲线显示选项**

单击"曲线"对话框中"曲线显示选项"前的 按钮，可以显示曲线更多的选项。

显示数量：可反转强度值和百分比的显示。图 3-14 所示为选择"光（0-255）"选项时的曲线，图 3-15 所示为选择"颜料/油墨量（%）"选项时的曲线。

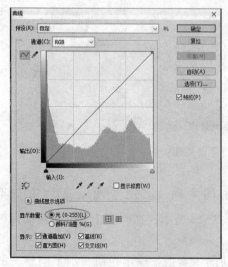

图 3-14　选择"光（0-255）"
　　　　选项时的曲线

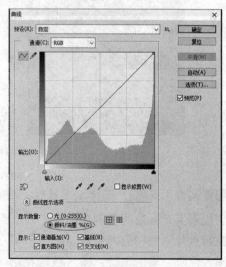

图 3-15　选择"颜料/油墨量（%）"
　　　　选项时的曲线

简单网格/详细网格：按下简单网格按钮 ⊞，会以 25% 的增量显示网格，如图 3-16 所示；按下详细网格按钮 ⊞，则以 10% 的增量显示网格，如图 3-17 所示。在详细网格状态下，我们可以更加准确地将控制点对齐到直方图上。按住"Alt"键单击网格，也可以在这两种网格间切换。

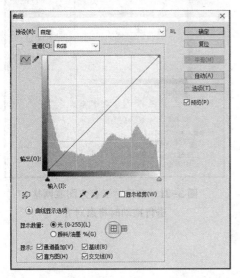 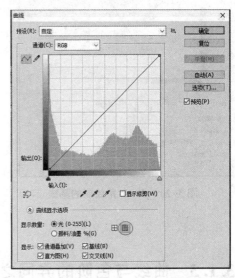

图 3-16　按下简单网格按钮以 25% 的增量显示网格　　图 3-17　按下详细网格以 10% 的增量显示网格

通道叠加：选中该复选框，可在复合曲线上方叠加各个颜色通道的曲线，如图 3-18 所示。
直方图：选中该复选框，可在曲线上叠加直方图，如图 3-19 所示。

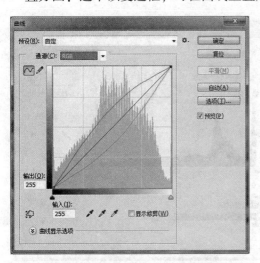 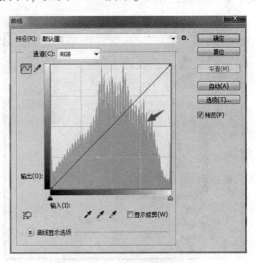

图 3-18　在复合曲线上方叠加各个颜色通道的曲线　　图 3-19　在曲线上叠加直方图

基线：选中该复选框，可在网格上显示以 45° 角绘制的基线，如图 3-20 所示。
交叉线：选中该复选框，调整曲线时，可显示水平线和垂直线，以帮助我们在相对于直方图或网格进行拖动时将点对齐，如图 3-21 所示。

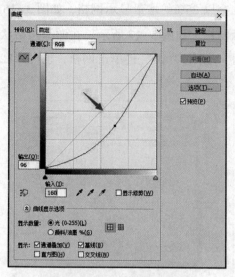

图 3-20　以 45°角绘制的基线

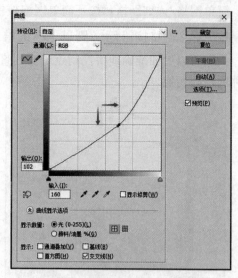

图 3-21　在相对于直方图或网格进行拖动时将点对齐

### 3.1.3　曲线与色阶的异同之处

曲线上面有两个预设的控制点，其中，"阴影"点可以调整照片中的阴影区域：它相当于色阶中的阴影滑块；"高光"点可以调整照片中的高光区域：它相当于色阶中的高光滑块，如图 3-22 所示。

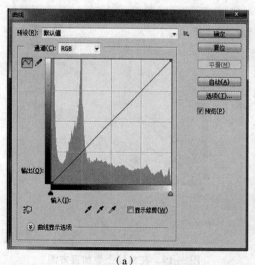

(a)

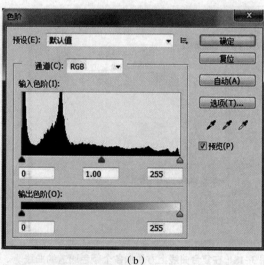

(b)

图 3-22　"曲线"与"色阶"对话框（一）

(a)"曲线"对话框；(b)"色阶"对话框

如果我们在曲线的中央（1/2 处）单击，添加一个控制点，该点就可以调整照片的中间调，它就相当于色阶的中间调滑块，如图 3-23 所示。

照片修复与修饰 项目三

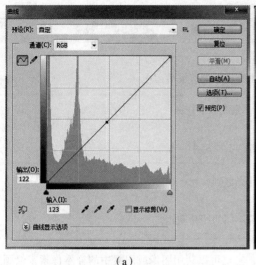 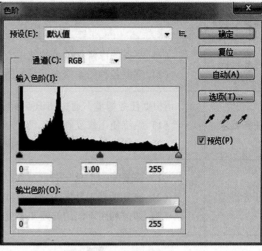

（a） （b）

图 3-23 "曲线"与"色阶"对话框（二）
（a）"曲线"对话框；（b）"色阶"对话框

然而曲线上最多可以有 16 个控制点，也就是说，它能够把整个色调范围（0~255）分成 15 段来调整，因此，对于色调的控制非常精确。而色阶只有 3 个滑块，它只能分 3 段（阴影、中间调、高光）调整色阶。因此，曲线对于色调的控制可以做到更加精确，它可以调整一定色调区域内的像素，而不影响其他像素，色阶是无法做到这一点的，这便是曲线的强大之处。

> **PS小贴士**
>
> 怎样轻微移动控制点？
>
> 选择控制点后，按下键盘中的方向键（→、←、↑、↓）可轻微移动控制点。如果要选择多个控制点，可以按住"Shift"键单击它们（选中的控制点为实心黑色）。通常情况下，我们编辑图像时，只需对曲线进行小幅度的调整即可实现目的，曲线的变形幅度越大，越容易破坏图像。

# 实训任务二　修复照片

任务清单 3-2　用修复画笔去除鱼尾纹和眼中血丝的基本操作

| 项目名称 | 任务清单内容 |
| --- | --- |
| 任务情境 | Mary 拍的人物照片中，存在鱼尾纹等瑕疵，为了让照片看上去更加美观，请你利用 Photoshop 中丰富的图像修复和修饰工具处理图像，使图像变得更加完美精致。灵活运用所学知识帮助 Mary 修复这些有瑕疵的照片。 |

63

续表

| 项目名称 | 任务清单内容 |
|---|---|
| 任务目标 | （1）掌握图像修复工具的使用方法；<br>（2）掌握各种图像修饰工具的使用方法并能够灵活运用。 |
| 任务要求 | 请根据任务情境，通过知识点学习，完成以下任务：<br>（1）熟练使用修复画笔工具；<br>（2）掌握修复画笔工具的属性设置。 |
| 任务思考 | （1）修复画笔工具与图章工具有什么区别？<br>（2）修复画笔工具如何进行取样？<br>（3）如何利用不同的修复工具处理不同的照片问题？ |
| 任务实施 | 修复画笔工具 与图章工具类似，它也可以利用图像或图案中的样本像素来绘画。但该工具可以从被修饰区域的周围取样，并将样本的纹理、光照、透明度和阴影等与所修复的像素匹配，从而去除照片中的污点和划痕，修复结果中人工痕迹不明显。<br>（1）按下"Ctrl"+"O"快捷键，打开项目三中去除鱼尾纹的素材文件，如图3-24所示。<br><br>图3-24　去除鱼尾纹素材<br>（2）选择修复画笔工具 ，在工具选项栏中选择一个柔角笔尖，在"模式"下拉列表中选择"替换"，将"源"设置为"取样"。将光标放在眼角附近没有皱纹的皮肤上，按住"Alt"键单击进行取样，放开"Alt"键，在眼角的皱纹处单击并拖动鼠标进行修复，如图3-25所示。<br>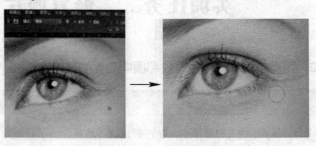<br>图3-25　按"Alt"键在眼角的皱纹处单击取样并拖动鼠标进行修复 |

续表

| 项目名称 | 任务清单内容 |
|---|---|
| 任务实施 | （3）继续按住"Alt"键在眼角周围没有皱纹的皮肤上单击取样，然后修复鱼尾纹。在修复的过程中可适当调整工具的大小。采用同样方法在眼白上取样，修复眼中的血丝，如图3-26所示。<br><br>图3-26 在眼白上取样修复眼中的血丝 |
| 任务总结 | |
| 实施人员 | |
| 任务点评 | |

## 知识要点

### 3.2.1 修复画笔工具

修复画笔工具是通过取样、覆盖的方式进行污点的修复，其操作方法非常简单。右键单击修复工具组，在弹出的工具列表中选择修复画笔工具，其选项栏如图3-27所示。

图3-27 右键单击修复工具组并在弹出的工具列表中选择修复画笔工具

模式：在下拉列表中可以设置修复图像的混合模式。"替换"模式比较特殊，它可以保留画笔描边的边缘处的杂色、胶片颗粒和纹理，使修复效果更加真实。

源：设置用于修复的像素的来源。选择"取样"选项，可以直接从图像上取样，如图 3-28 所示，图 3-28（a）所示为原图像，图 3-28（b）所示为修复效果；选择"图案"选项，则可在图案下拉列表中选择一个图案作为取样来源，如图 3-28（c）、（d）所示，此效果类似于使用图案图章绘制图案。

图 3-28 选择"取样"与"图案"的效果比较
（a）原图像；（b）修复效果；（c）选择图案；（d）图案效果

对齐：勾选该项，会对像素进行连续取样，在修复过程中，取样点随修复位置的移动而变化；取消勾选，则在修复过程中始终以一个取样点为起始点。

样本：用来设置从指定的图层中进行数据取样。如果要从当前图层及其下方的可见图层中取样，可以选择"当前和下方图层"选项；如果仅从当前图层中取样，可选择"当前图层"选项；如果要从所有可见图层中取样，可选择"所有图层"选项。

实战——用污点修复画笔去除面部色斑。

### 3.2.2 污点修复画笔工具

污点修复画笔工具 可以快速去除照片中的污点、划痕和其他不理想的部分。它与修复画笔的工作方式类似，也是使用图像或图案中的样本像素进行绘画，并将样本像素的纹理、光照、透明度和阴影与所修复的像素相匹配。但修复画笔要求指定样本，而污点修复画笔可以自动从所修饰区域的周围取样。图3-29所示为"污点修复画笔工具"选项栏。

图3-29 "污点修复画笔工具"选项栏

模式：用来设置修复图像时使用的混合模式。除"正常""正片叠底"等常用模式外，该工具还包含一个"替换"模式。选择该模式时，可以保留画笔描边的边缘处的杂色、胶片颗粒和纹理。

类型：用来设置修复方法。选择"近似匹配"，可以使用选区边缘周围的像素来查找要用作选定区域修补的图像区域，如果该选项的修复效果不能令人满意，可还原修复并尝试"创建纹理"选项；选择"创建纹理"，可以使用选区中的所有像素创建一个用于修复该区域的纹理，如果纹理不起作用，可尝试再次拖过该区域；选择"内容识别"，可使用选区周围的像素进行修复。

对所有图层取样：如果当前文档中包含多个图层，勾选该项后，可以从所有可见图层中对数据进行取样；取消勾选，则只从当前图层中取样。

案例——去除脸上的蚊子包。

其步骤如下：

（1）打开项目三中"脸上的蚊子包"文件。

（2）打开工具箱中的污点修复画笔工具，在导航器中把视图放大，放大的视图比较好处理细节部分，把鼠标移到脸上红肿的地方，将画笔调到合适的大小。

（3）在脸上红肿的地方开始单击修复画笔，从旁边到中间进行单击，系统会自动取样来进行修复，蚊子包慢慢地消失，在修复过程中，可以多单击几下，让修复过的部位看起来更好、更自然，如图3-30所示。

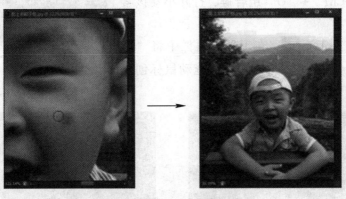

图3-30 去除脸上的蚊子包

## 3.2.3 修补工具

修补工具使用其他区域中的像素来修复选中的区域，并将样本像素的纹理、光照和阴影与源像素进行匹配。该工具的特别之处是需要用选区来定位修补范围。选择修补工具，其选项栏如图3-31所示。

图3-31 "修补工具"选项栏

选区创建方式：按下新选区按钮■，可以创建一个新的选区，如果图像中包含选区，则新选区会替换原有的选区；按下添加到选区按钮■，可以在当前选区的基础上添加新的选区；按下从选区减去按钮■，可以在原选区中减去当前绘制的选区；按下与选区交叉按钮■，可得到原选区与当前创建的选区相交的部分。

修补：用来设置修补方式。如果选择"源"选项，将选区拖至要修补的区域后，会用当前选区中的图像修补原来选中的图像，如图3-32所示；如果选择"目标"选项，则会将选中的图像复制到目标区域，如图3-33所示。

图3-32 选择"源"选项

透明：勾选该项后，可以使修补的图像与原图像产生透明的叠加效果。

使用图案：在图案下拉面板中选择一个图案，单击该按钮，可以使用图案修补选内的图像。

（1）按下"Ctrl"+"O"组合键，打开小女孩素材文件。

（2）选择修补工具■，在工具选项栏中将"修补"设置为"目标"，在画面中单击并拖动鼠标创建选区，将女孩选中，如图3-34所示。

图3-33 选择"目标"选项

图3-34 拖动鼠标创建选区

（3）将光标放在选区内，单击并向左侧拖动复制图像，然后按下"Ctrl"+"D"组合键取消选择，效果如图3-35所示。

## 3.2.4 内容感知移动工具

内容感知移动工具■是Photoshop新增的工具，用它将选中的对象移动或扩展到图像的其他区域后，可以重组和混合对象，产生出色的视觉效果。其选项栏如图3-36所示。

图 3-35　向左侧拖动复制图像

图 3-36　"内容感知移动工具"选项栏

模式：用来选择图像移动方式，包括"移动"和"扩展"。

适应：用来设置图像修复精度。

对所有图层取样：如果文档中包含多个图层，勾选该项，可以对所有图层中的图像进行取样。

(1) 按下"Ctrl"+"O"组合键，打开小鸭子素材文件，按下"Ctrl"+"J"组合键复制"背景"图层，如图 3-37 所示。

图 3-37　复制背景图层

图 3-38　拖动鼠标创建选区

(2) 选择内容感知移动工具，在工具选项栏中将"模式"设置为"移动"，在画面中单击并拖动鼠标创建选区，将小鸭子和投影选中，如图 3-38 所示。

(3) 将光标放在选区内，单击并向画面左侧拖动鼠标，放开鼠标后，Photoshop 便会将小鸭子移动到新位置，并填充空缺的部分，如图 3-39 所示。

### 3.2.5　红眼工具

红眼工具可以去除用闪光灯拍摄的人物照片中的红眼，以及动物照片中的白色或绿色反光。其选项栏如图 3-40 所示。

瞳孔大小：可设置瞳孔（眼睛暗色的中心）的大小。

图 3-39　向画面左侧拖动鼠标

变暗量：用来设置瞳孔的暗度。

（1）按下"Ctrl"+"O"组合键，打开小男孩素材文件。

图 3-40　"红眼工具"选项栏

（2）选择红眼工具 ，将光标放在红眼区域上，单击即可校正红眼，另一只眼睛也采用同样方法校正，如图 3-41 所示。如果对结果不满意，可执行"编辑"→"还原"命令还原，然后使用不同的"瞳孔大小"和"变暗量"设置，再次尝试。

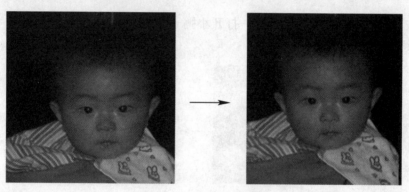

图 3-41　校正红眼区域

## 3.2.6　仿制图章工具

仿制图章工具 可以从图像中拷贝信息，将其应用到其他区域或者其他图像中。该工具常用于复制图像内容或去除照片中的缺陷。其选项栏如图 3-42 所示。除"对齐"和"样本"外，其他选项均与画笔工具相同。

图 3-42　"仿制图章工具"选项栏

对齐：勾选该项，可以连续对像素进行取样；取消勾选，则每单击一次鼠标，都使用初始取样点中的样本像素，因此，每次单击都被视为是另一次复制。

样本：用来选择从指定的图层中进行数据取样。如果要从当前图层及其下方的可见图层中取样,应选择"当前和下方图层";如果仅从当前图层中取样,可选择"当前图层";如果要从所有可见图层中取样,可选择"所有图层";如果要从调整图层以外的所有可见图层中取样,可选择"所有图层",然后单击选项右侧的忽略调整图层按钮 。

切换仿制源面板 :单击该按钮可以打开"仿制源"面板。

切换画笔面板 :单击该按钮可以打开"画笔"面板。

### 疑问解答

光标中心的十字线有什么用处?

使用仿制图章时,按住"Alt"键在图像中单击,定义要复制的内容(称为"取样"),然后将光标放在其他位置,放开"Alt"键拖动鼠标涂抹,即可将复制的图像应用到当前位置。与此同时,画面中会出现一个圆形光标和一个十字形光标,圆形光标是我们正在涂抹的区域,而该区域的内容则是从十字形光标所在位置的图像上拷贝的。在操作时,两个光标始终保持相同的距离,我们只要观察十字形光标位置的图像,便知道将要涂抹出什么样的图像内容了。

(1) 打开人物照片素材,照片中的女孩右侧有多余的人物,使得画面不够完美,下面我们就来将其抹除。为了不破坏原图像,按下"Ctrl"+"J"组合键复制"背景"图层,如图 3-43 所示。

图 3-43 复制"背景"图层

(2) 选择仿制图章工具 ,在工具选项栏中选择一个柔角笔尖。将光标放在画面左侧的树叶上,按住"Alt"键单击进行取样,然后放开"Alt"键在右侧多余人物身上涂抹,用树叶将其遮盖住,如图 3-44 所示。

(3) 为了避免复制的树叶出现重复,可在其他位置处的树叶上进行取样,然后继续涂抹,将多余人物全部覆盖住,图 3-45 所示为修改后的图像。

图 3-44　用树叶将其遮盖住　　　　　图 3-45　在其他位置处的树叶上进行取样

### 3.2.7　图案图章工具

图案图章工具 可以利用 Photoshop 提供的图案或者用户自定义的图案进行绘画，其选项栏如图 3-46 所示。

图 3-46　"图案图章工具"选项栏

在"图案图章工具"选项栏中，"模式"、"不透明度"、"流量"、喷枪等的运用与仿制图章和画笔工具基本相同，其他选项用途如下。

对齐：勾选该选项以后，可以保持图案与原始起点的连续性，即使多次单击鼠标也不例外，如图 3-47 所示；取消勾选后，则每次单击鼠标都会重新应用图案，如图 3-48 所示。

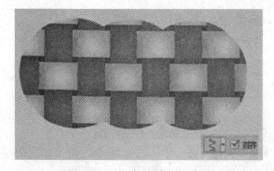
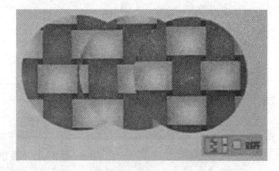

图 3-47　勾选"对齐"选项　　　　　图 3-48　取消勾选"对齐"选项

印象派效果：勾选该项后，可以模拟出印象派效果的图案，如图 3-49、图 3-50 所示。

（1）新建一个 1 024 像素×768 像素的白色背景图像。

（2）在工具箱中选择自定形状工具 ，在属性栏的"选择工具模式"下拉列表中选择"像素"，然后单击"形状"选项右侧的下拉三角按钮，找到"雨伞"的形状。

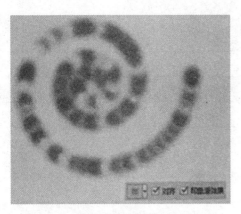
图 3-49 柔角画笔绘制的印象派效果

图 3-50 尖角画笔绘制的印象派效果

（3）单击"图层"面板下方的"创建新图层"，然后在图像中画出雨伞的形状，按住"Ctrl"键，然后单击"图层 1"，可以获得选区，如图 3-51 所示。

（4）单击工具箱中的图案图章工具，在属性栏中选择图案，打开下拉三角形后，用默认的"扎染"图案绘制雨伞的上面，单击面板右上方的按钮，选择"彩色纸"，在弹出的对话框中单击"追加"命令，在新增加的图案中选择"红色纹理纸"，在雨伞的下方进行绘制，得到如图 3-52 所示效果。

图 3-51 画出雨伞形状

图 3-52 效果图

**学习笔记**

# 学习情境二

# 海报制作

# 项目四

# Logo 制作

### 知识目标

- 掌握多边形套索工具的使用方法
- 掌握图层的合并
- 掌握自由变换工具的使用方法
- 掌握图层基本操作
- 掌握选区的应用方法
- 熟练掌握布尔运算

### 技能目标

- 能够熟练运用多边形套索工具绘制图形
- 能够在实际工作中,娴熟地利用图层操作和创建选区来设计作品

### 素质目标

- 培养学生依据任务需求选择适当的工具进行绘图的基本素质
- 培养学生运用 Photoshop 进行 Logo 制作的基本能力
- 培养学生熟练运用选区和图层的能力

# 实训任务一　星光 Logo 制作

## 任务清单 4-1　Logo 制作的基本操作

| 项目名称 | 任务清单内容 |
| --- | --- |
| 任务情境 | Mary 想自己设计一个精美的 Logo，请你利用掌握的图层基础知识及图形绘制的基本操作，灵活运用所学知识帮助 Mary 完成 Logo 的制作。 |
| 任务目标 | （1）掌握多边形套索工具；<br>（2）掌握图层的基本操作；<br>（3）熟练运用自由变换工具。 |
| 任务要求 | 请根据任务情境，通过知识点学习，完成以下任务：<br>（1）熟练使用多边形套索工具绘制选区；<br>（2）能熟练地旋转及翻转图形。 |
| 任务思考 | （1）如何绘制等腰三角形？<br>（2）通过自由变换工具如何翻转图形？<br>（3）怎样在不同的通道模式下调整色调？ |
| 任务实施 | （1）按"Ctrl"+"N"组合键，弹出"新建"对话框，设置宽度为 600 像素、高度为 600 像素、分辨率为 72 像素/英寸，颜色模式为 RGB 颜色、背景内容为白色，单击"确定"按钮，完成画布的创建。<br>（2）执行"文件"→"存储为"命令，在弹出的对话框中以名称"星光 Logo.psd"保存图像。<br>（3）将鼠标指针定位在套索工具上并单击右键，会弹出套索工具组，如图 4-1 所示，选择"多边形套索工具"选项。<br>（4）将光标置于画布中心偏上位置，单击以确定起始点。然后，按住"Shift"键不放，向下拉动光标至画布中心位置，再次单击，即可绘制一条竖向直线。<br>（5）继续按住"Shift"键不放，水平向左移动鼠标指针至合适的位置，单击以确定另一个节点。接着，拖动鼠标指针至起始点位置，当终点与起点重合时，鼠标指针变为 形状，这时，再次单击，即可创建一个直角三角选区，如图 4-2 所示。 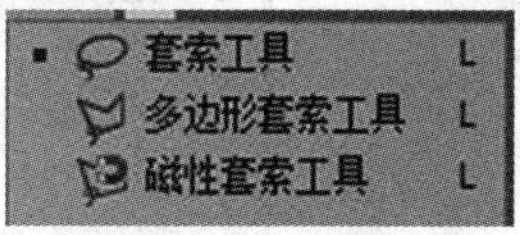　　　　　　　　　　　　　　　　图 4-1　套索工具组<br>（6）按"Ctrl"+"Shift"+"Alt"+"N"组合键新建"图层 1"图层。设置前景色为黑色，按"Alt"+"Delete"组合键为选区填充黑色。接着按"Ctrl"+"D"组合键取消选区。<br>（7）按"Ctrl"+"J"组合键对"图层 1"进行复制，得到"图层 1 副本"图层。按"Ctrl"+"T"组合键执行自由变换操作，接着右击，在弹出的快捷菜单中选择"水平翻转"命令。然后，按"Enter"键确定自由变换操作。 |

续表

| 项目名称 | 任务清单内容 |
| --- | --- |
| 任务实施 | (8) 选择移动工具，按住"Shift"键不放，拖动"图层1副本"至合适的位置，使其与"图层1"组合成一个等腰三角形，效果如图4-3所示。 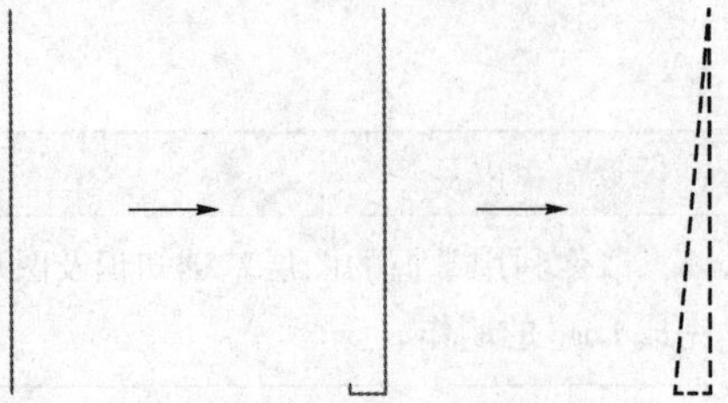<br><br>图4-2　创建直角三角选区 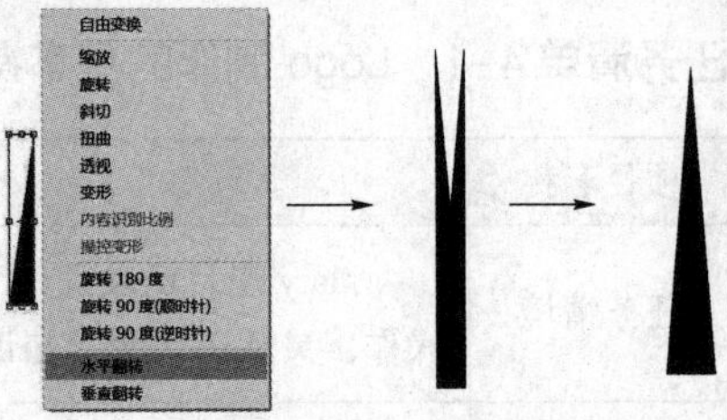　　　　图4-3　组合成一个等腰三角形<br><br>(9) 选中"图层1"和"图层1副本"图层，执行"图层"→"合并图层"命令（或按快捷键"Ctrl"+"E"），可将"图层1"和"图层1副本"合并，合并后的图层默认名称为"图层1副本"。<br>(10) 双击图层缩览图后面的图层名称，进入可编辑状态，输入"三角形"，然后按"Enter"键，即可将图层重命名。<br>(11) 选中"三角形"图层，按"Ctrl"+"J"组合键，得到"三角形副本"图层。按"Ctrl"+"T"组合键执行自由变换操作。然后按住"Shift"键不放，拖动定界框的中心点至下边点处。<br>(12) 单击鼠标右键，在下拉菜单中选择"垂直翻转"命令，再次按"Enter"键，其翻转过程如图4-4所示。<br>(13) 选中"三角形"和"三角形副本"，执行"图层"→"合并图层"命令（或按"Ctrl"+"E"组合键），可将"三角形"和"三角形副本"合并，合并后的图层默认名称为"三角形副本"。<br>(14) 双击图层缩览图后面的图层名称，进入可编辑状态，输入"三角形"，然后按"Enter"键，即可将图层重命名。<br>(15) 选中"三角形"图层，按"Ctrl"+"J"组合键，得到"三角形副本"图层。按"Ctrl"+"T"组合键执行自由变换操作，然后旋转"三角形副本"，结果如图4-5所示。按"Enter"键取消自由变换。 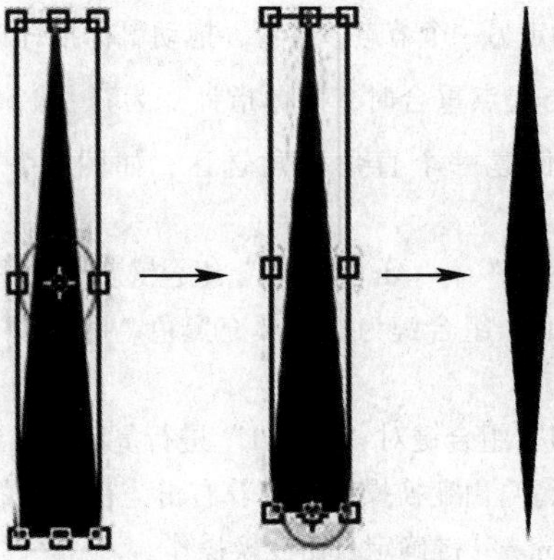<br><br>图4-4　垂直翻转过程 　　　　图4-5　旋转"三角形副本" |

续表

| 项目名称 | 任务清单内容 |
|---|---|
| 任务实施 | （16）连续按"Ctrl"+"Shift"+"Alt"+"T"组合键，以中心点进行旋转复制图层，完成星光 Logo 的制作，如图 4-6 所示。 <br><br>图 4-6　星光 Logo |
| 任务总结 | |
| 实施人员 | |
| 任务点评 | |

### 知识要点

## 4.1.1　多边形套索工具

Photoshop 提供了多边形套索工具，用来创建一些规则选区。在工具箱中选择套索工具后并右击，会弹出套索工具组，如图 4-7 所示。

（1）打开田园风景素材文件，选择"多边形套索工具"，在工具选项栏中按下按钮，在左侧窗口内的一个边角上单击，然后沿着它边缘的转折处继续单击鼠标，定义选区范围；将光标移至起点处，光标会变为状，单击可封闭选区，如图 4-8 所示。

图 4-7　套索工具组

图 4-8　在左侧窗口创建选区

> **提示**
> 
> 创建选区时，按住"Shift"键操作，可以锁定水平、垂直或以 45°角为增量进行绘制。如果双击，则会在双击点与起点间连接一条直线来闭合选区。

（2）采用同样方法，将中间窗口和右侧窗口内的图像都选中，如图 4-9 所示。

图 4-9　将中间窗口和右侧窗口内的图像都选中

（3）按下"Ctrl"+"J"组合键，将选中的图像复制到一个新的图层中。打开海景素材文件，使用移动工具将它拖入窗口文档中，如图 4-10 所示。

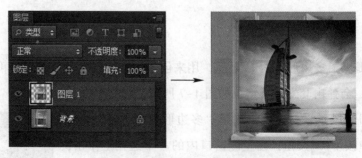

图 4-10　将海景拖入窗口文档中

（4）按下"Alt"+"Ctrl"+"G"组合键创建剪贴蒙版，我们就可以在窗口内看到另外一种景色，如图 4-11 所示。

## 4.1.2 合并与盖印图层

图层、图层组和图层样式等都会占用计算机的内存和暂存盘，因此，以上内容的数量越多，占用的系统资源也就越多，从而导致计算机的运行速度变慢。将相同属性的图层合并，或者将没有用处的图层删除都可以减小文件的大小，此外，对于复杂的图像文件，图层数量减少以后，既方便管理，也便于快速找到需要的图层。

图 4-11　创建剪贴蒙版

### 1. 合并图层

如果要合并两个或多个图层，可在"图层"面板中将它们选中，然后执行"图层"→"合并图层"命令，合并后的图层使用上面图层的名称，如图 4-12 所示。

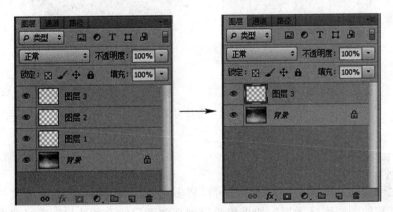

图 4-12　合并图层

### 2. 向下合并图层

如果想要将一个图层与它下面的图层合并，可以选择该图层，然后执行"图层"→"向下合并"命令，或按下"Ctrl"+"E"组合键，合并后的图层使用下面图层的名称，如图 4-13 所示。

### 3. 合并可见图层

如果要合并所有可见的图层，可以执行"图层"→"合并可见图层"命令，或按下"Shift"+"Ctrl"+"E"组合键，它们会合并到"背景"图层中，如图 4-14 所示。

### 4. 拼合图像

如果要将所有图层都拼合到"背景"图层中，可以执行"图层"→"拼合图像"命令。如果有隐藏的图层，则会弹出一个提示，询问是否删除隐藏的图层。

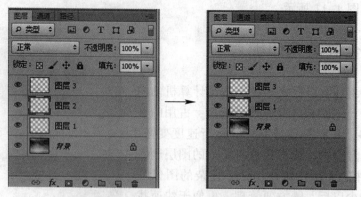

图 4-13 向下合并图层

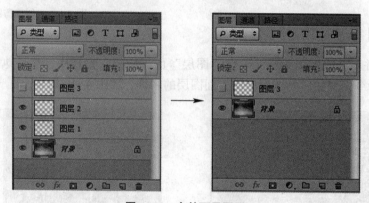

图 4-14 合并可见图层

### 5. 盖印图层

盖印是比较特殊的图层合并方法，它可以将多个图层中的图像内容合并到一个新的图层中，同时保持其他图层完好无损。如果想要得到某些图层的合并效果，而又要保持原图层完整时，盖印是最佳的解决办法。

向下盖印：选择一个图层，按下"Ctrl"+"Alt"+"E"组合键，可以将该图层中的图像盖印到下面的图层中，原图层内容保持不变，如图 4-15 所示。

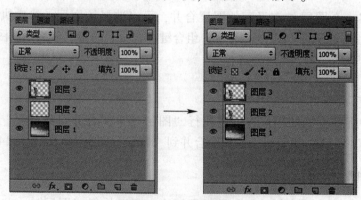

图 4-15 向下盖印图层

盖印多个图层：选择多个图层，按下"Ctrl"+"Alt"+"E"组合键，可以将它们盖印到一个新的图层中，原有图层的内容保持不变，如图 4-16 所示。

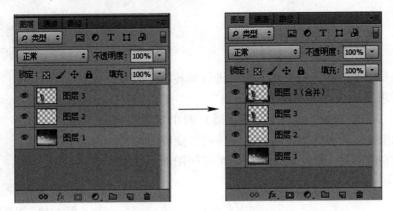

图 4-16　盖印多个图层

盖印可见图层：按下"Shift"+"Ctrl"+"Alt"+"E"组合键，可以将所有可见图层中的图像盖印到一个新的图层中，原有图层内容保持不变，如图 4-17 所示。

盖印图层组：选择图层组，按下"Ctrl"+"Alt"+"E"组合键，可以将组中的所有图层内容盖印到一个新的图层中，原图层组保持不变，如图 4-18 所示。

图 4-17　盖印可见图层

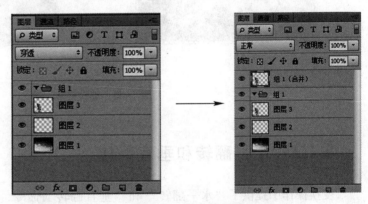

图 4-18　盖印图层组

> **提示**
> 合并图层可以减少图层的数量，而盖印往往会增加图层的数量。

## 4.1.3　图层的重命名

在 Photoshop 中，新建图层的默认名称为"图层 1""图层 2""图层 3"……。为了方便图层的管理，经常需要对图层进行重命名，从而可以更加直观地操作和管理各个图层，大大提高工作效率。

执行"图层"→"重命名图层"命令，图层名称会进入可编辑状态，此时输入需要的名称即可，如图 4-19 所示。另外，在"图层"面板中，直接双击图层名称，也可以对图层进行重命名操作。

### 4.1.4 旋转变换

旋转变换是以定界框的中心点为圆心进行旋转的，也可以根据旋转需求移动中心点。执行"编辑"→"变换"→"旋转"命令（或按"Ctrl"+"T"组合键）调出定界框，这时，将鼠标指针移动至定界框角点处，待指针变成↻形状时，按住鼠标左键不放，拖动鼠标指针即可旋转图像，效果如图 4-20 所示。

图 4-19 图层重命名

图 4-20 旋转变换图像

### 4.1.5 水平翻转和垂直翻转

变换操作中提供了"水平翻转"和"垂直翻转"命令，常用于制作镜像和倒影效果。按"Ctrl"+"T"组合键调出定界框，接着右击，在弹出的快捷菜单中选择"水平翻转"或"垂直翻转"命令，即可对图像进行水平或垂直翻转，效果如图 4-21 所示。

（a） （b） （c）

图 4-21 水平翻转和垂直翻转

（a）原图；（b）水平翻转；（c）垂直翻转

# 实训任务二　绘制标志

## 任务清单 4-2　绘制禁烟标志的基本操作

| 项目名称 | 任务清单内容 |
|---|---|
| 任务情境 | Mary 需要设计一款禁止吸烟的标志，请你利用掌握的选区基本操作，灵活运用所学知识帮助 Mary 设计完成。 |
| 任务目标 | （1）掌握选区填充的方法；<br>（2）了解标尺和参照线在绘制图形中的作用；<br>（3）熟练运用选区和布尔运算。 |
| 任务要求 | 请根据任务情境，通过知识点学习，完成以下任务：<br>（1）掌握基本选区的创建方法；<br>（2）了解增加与减少选区的方法；<br>（3）熟悉选区的编辑操作，如移动、复制、变换等；<br>（4）能综合使用多种方法创建复杂选区。 |
| 任务思考 | （1）创建选区的方法有哪些？<br>（2）布尔运算的作用是什么？<br>（3）怎样运用参照线来进行构图？ |
| 任务实施 | （1）选择"文件"→"新建"菜单命令，在弹出的"新建"对话框中把图像大小设置为 16 厘米×12 厘米，其他参数设置参考图 4-22，最后单击"确定"按钮，新建一个图像文件。<br>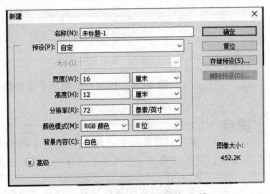<br>图 4-22　新建一个图像文件<br><br>（2）选择"视图"→"标尺"菜单或按"Ctrl"+"R"组合键，在图像窗口上方和左侧显示标尺，然后将鼠标指针移至水平标尺上，按住鼠标左键向下拖出一条水平参考线；参考以上方法从垂直标尺处拖出一条垂直参考线，两条参考线正好交叉于图像窗口的中部。<br>（3）单击"图层"面板右下角的"创建新图层"按钮 ，创建一个空白的透明图层，新建的图层将自动被设置为当前图层。 |

续表

| 项目名称 | 任务清单内容 |
| --- | --- |
| 任务实施 | （4）选择椭圆选框工具组，按"Shift"+"Alt"组合键，并将鼠标指针放在十字形参考线的交点处，然后按住鼠标左键进行拖动，绘制一个以十字形参考线的交点为中心的正圆（注意绘制结束时先松开鼠标左键，再松开"Shift"+"Alt"组合键），效果如图4-23所示。<br>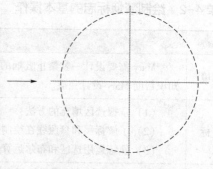<br>图4-23　绘制一个以十字形参考线的交点为中心的正圆<br><br>（5）单击工具属性栏中的"从选区减去"按钮　，然后继续以参考线的交点处为中心，绘制一个稍小一点的圆作为内圆，得到如图4-24所示的圆环选区。<br>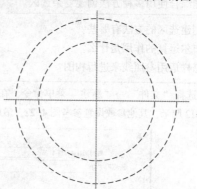<br>图4-24　绘制一个稍小一点的圆作为内圆<br><br>！提示<br>　　按住"Alt"键可以定义一个以单击点为中心的矩形或椭圆选区；若按"Shift"+"Alt"组合键，则可以定义一个以单击点为中心的正方形或正圆选区。<br><br>（6）单击工具箱中的设置前景色工具，打开"拾色器（前景色）"对话框，将前景色设置为纯红（RGB：255，0，0），如图4-25所示。<br>（7）选择工具箱中的油漆桶工具　，在圆环选区内单击，为其填充纯红色；或者按"Alt"+"Delete"组合键对选区进行填充，得到如图4-26所示的效果。最后按"Ctrl"+"D"组合键取消选区。这里需要说明的是，填充的内容将被放置在当前图层上，即前面新建的"图层1"上。<br>（8）单击"图层"面板中的"创建新图层"按钮　，创建一个空白的透明图层"图层2"，在"图层2"中绘制一个矩形选区并填充红色（由于"图层2"在新建后自动变为当前图层，因此绘制的短形图像将自动位于该图层中）。 |

| 项目名称 | 任务清单内容 |
|---|---|
| 任务实施 | <br>图 4-25 将前景色设置为纯红<br><br>（9）保持"图层2"的选中状态，按"Ctrl"+"T"组合键，在绘制的矩形图像上显示自由变换框，然后在工具属性栏中的"旋转"度数中输入45° 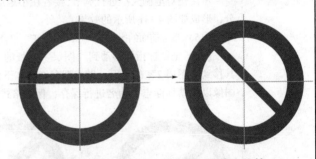，按"Enter"键，并取消选区，得到图 4-27 所示的效果。<br><br>图 4-26 填充纯红色　　　图 4-27 用自由变换工具在矩形图像上旋转 45°<br><br>（10）设置前景色为黄色（RGB：250，210，0），然后在"导航器"面板中拖动图像显示比例滑块，将图像显示比例放大到约180%，以便更好地操作图像细节部分，如图 4-28 所示。<br><br><br>图 4-28 在"导航器"面板中拖动图像显示比例滑块<br><br>（11）新建空白透明图层"图层3"；选择工具箱中的移动工具，将鼠标指针移至水平参考线上，然后按住鼠标左键并向下拖动，将其移至垂直尺约 6.35 厘米处，再参考前面的操作，在垂直标尺约 5.35 厘米处创建一条水平参考线；接着绘制一个矩形选区，并使用设置好的前景色填充选区，然后按"Ctrl"+"D"组合键取消选区，效果如图 4-29 所示。|

续表

| 项目名称 | 任务清单内容 |
| --- | --- |
| 任务实施 | （12）设置前景色为浅灰色（RGB：209，221，221），然后创建与黄色矩形等高的矩形选区，并使用前景色对其进行填充。<br>（13）参考前面的方法创建小矩形选区，对其填充红色，绘制香烟效果如图4-30所示。 <br><br>图4-29　绘制一个矩形选区 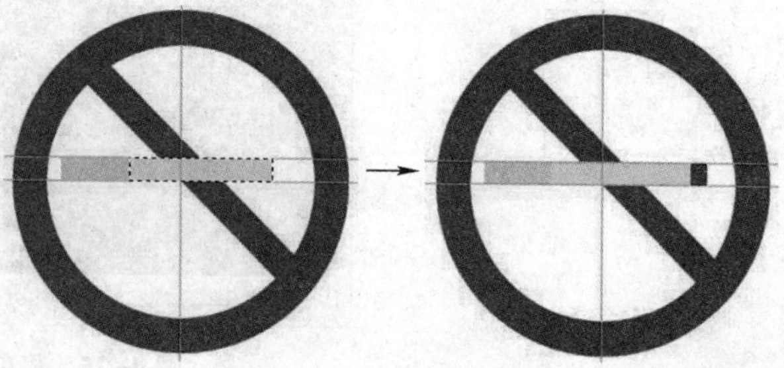　　　图4-30　绘制香烟<br><br>（14）选择工具箱中的橡皮擦工具，然后在英文输入法状态下通过按左右中括号"["""]"键对笔刷大小进行调节，接着在小矩形的边缘拖动鼠标光标，将其边缘擦掉一部分，形成如图4-31所示的效果。<br>（15）参考前面的操作按"Ctrl"+"T"组合键，旋转绘制好的香烟，效果如图4-32所示。<br>（16）把鼠标指针移动到"图层"面板的"图层3"处，按住鼠标左键向下拖动，将其移到"图层2"的下面，做成烟在红斜杠下的效果，最终效果如图4-33所示。最后将图像以"禁烟标志"为名进行保存，保存格式为Photoshop默认的PSD。 <br><br>图4-31　边缘擦掉一部分 　　　图4-32　旋转绘制好的香烟 　　　图4-33　禁烟标志 |
| 任务总结 | |
| 实施人员 | |
| 任务点评 | |

### 4.2.1 布尔运算

在数学中，可以通过加减乘除来进行数值的运算。同样，选区中也存在类似的运算，称为布尔运算。布尔运算是在画布中存在选区的情况下，使用选框、套索或者魔棒等工具创建选区时，新选区与现有选区之间的运算。通过布尔运算，使选区与选区之间进行相加、相减或相交，从而形成新的选区。

"布尔运算"可通过选框工具、套索工具或魔棒工具等选区工具的选项栏进行设置，如图4-34所示。

通过图4-34可以看出，选区工具的选项栏包含4个按钮，从左到右依次为：新选区、添加到选区、从选区减去、与选区交叉。

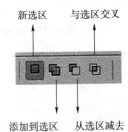

图4-34 "布尔运算"选项栏

**1. 新选区**

"新选区"为所有选区工具的默认选区编辑状态。选择"新选区"按钮■后，如果画布中没有选区，则可以创建一个新的选区。但是，如果画布中存在选区，则新创建的选区会替换原有的选区。

**2. 添加到选区**

"添加到选区"可在原有选区的基础上添加新的选区。单击"添加到选区"按钮■后（或按"Shift"快捷键），当绘制一个选区后，再绘制另一个选区，则两个选区同时保留，如图4-35所示。如果两个选区之间有交叉区域，则会形成叠加在一起的选区，如图4-36所示。

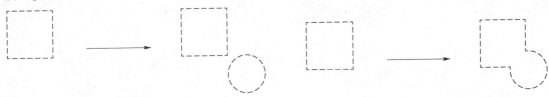

图4-35 添加新的选区　　　　　　图4-36 形成叠加在一起的选区

**3. 从选区减去**

"从选区减去"可在原有选区的基础上减去新的选区。单击"从选区减去"按钮■后（或按"Alt"快捷键），可在原有选区的基础上减去新创建的选区部分，如图4-37所示。

### 4. 与选区交叉

"与选区交叉"用来保留两个选区相交的区域。单击"与选区交叉"按钮后（或按"Alt"+"Shift"组合键），画面中只保留原有选区与新创建的选区相交的部分，如图4-38所示。

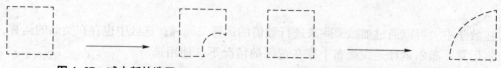

图4-37　减去新的选区　　　　　　　　图4-38　保留两个选区相交的区域

## 学习笔记

# 项目五

# 广告图像处理

### 知识目标

> 掌握魔棒工具及其参数作用
> 掌握快速选择工具的使用方法
> 熟练掌握橡皮擦工具组中各项工具的作用、特点及使用方法
> 掌握套索、磁性套索以及色彩范围的作用及使用方法
> 掌握网络广告图像设计的要点及制作方法

### 技能目标

> 能够熟练地运用魔棒、快速选择、套索等工具进行选区制作
> 能够熟练运用橡皮擦工具组擦除图像

### 素质目标

> 培养学生对魔棒、快速选择、套索等工具的运用能力
> 培养学生对选区的运用能力
> 培养学生利用 Photoshop 进行网络广告图像制作的能力

# 实训任务一　巧克力广告

## 任务清单 5-1　巧克力广告

| 项目名称 | 任务清单内容 |
|---|---|
| 任务情境 | 通过前面课程的学习，Mary 已经具备了数码照片的处理能力，朋友让她帮忙制作一些指定主题的广告，抠图操作再次难住了她。有没有更多的抠图方法让大家自由选择，让抠图变得更简单呢？魔棒工具组将是一个很好的选择。 |
| 任务目标 | ➢ 掌握魔棒工具及其参数作用；<br>➢ 掌握快速选择工具的使用方法；<br>➢ 能熟练运用橡皮擦工具进行图像擦除操作； |
| 任务要求 | 请根据任务情境，通过知识点学习，完成以下任务：<br>（1）运用魔棒、快速选择等工具完成抠图操作；<br>（2）根据任务要求完成巧克力广告的制作。 |
| 任务思考 | （1）魔棒工具与快速选择工具在使用方法和作用上有何区别？<br>（2）容差值的作用是什么？<br>（3）魔棒工具中"连续"选项的作用是什么？<br>（4）橡皮擦工具和背景橡皮擦工具有什么区别？ |
| 任务实施 | （1）打开三张素材图像文件，如图 5-1 所示。 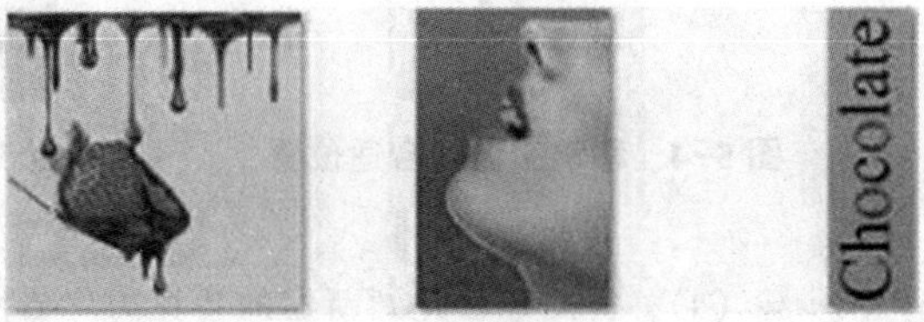<br><br>巧克力广告1.jpg　　巧克力广告2.jpg　　巧克力广告3.jpg<br>图 5-1　素材图像文件<br><br>（2）新建一块 20 厘米×30 厘米的画布，参数如图 5-2 所示。<br>（3）选择魔棒工具，设置工具属性栏容差值为 5，取消"连续"勾选，运算模式为"添加到选区"，在图像 1 绿色背景上单击多次，直到全部选中，按"Ctrl"+"Shift"+"I"组合键执行反相选择，选中巧克力和草莓，如图 5-3 所示。<br>（4）按"Ctrl"+"C"组合键进行复制，切换到新建的巧克力广告图像中，按"Ctrl"+"V"组合键进行粘贴，按"Ctrl"+"T"组合键调整图像大小，调整结束后按"Enter"键，然后按"V"键切换到移动工具移动图像到合适位置，效果如图 5-4 所示。<br>（5）切换到图像 2，选择快速选择工具，按"["""]"键调整笔尖大小，单击拖动鼠标，在左侧背景部分进行选择，选中背景，按"Ctrl"+"Shift"+"I"组合键执行反相选择，选择人物头部，如图 5-5 所示。 |

续表

| 项目名称 | 任务清单内容 |
| --- | --- |
| 任务实施 | 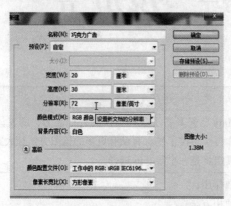 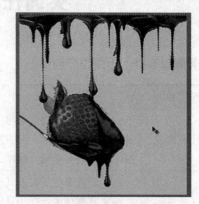<br>图 5-2　新建一块 20 厘米×30 厘米的画布　　图 5-3　选中巧克力和草莓<br><br> 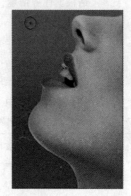<br>图 5-4　移动图像到合适位置　　　　图 5-5　选择人物头部<br><br>　　(6) 同步骤 (4)，将图像合并到新建的巧克力广告图像中，调整到合适位置，如图 5-6 所示。<br>　　(7) 切换到图像 3，选择背景橡皮擦工具，先将背景色设置为图像上方背景色，取样方式为背景色板，勾选"保护前景色"复选框，将前景色设置为文字颜色进行保护，调整笔尖大小，在背景色部分进行擦除，如图 5-7 所示。<br><br><br>图 5-6　将图像合并到新建的巧克力广告图像中　　图 5-7　勾选"保护前景色"复选框 |

续表

| 项目名称 | 任务清单内容 |
| --- | --- |
| 任务实施 | （8）擦除过程中根据颜色变化，切换前景色和背景色颜色，直至擦掉全部背景，如图5-8所示。 <br><br>图5-8　根据颜色变化切换前景色和背景色颜色<br><br>（9）将剩余文字通过按"Ctrl"+"A"组合键全选，按"Ctrl"+"C"组合键进行复制，切换到新建的巧克力广告图像中，按"Ctrl"+"V"组合键进行粘贴，调整文字大小及位置，单击选中文字所在层，然后单击"fx"按钮添加斜面浮雕效果，完成效果图制作，如图5-9所示。<br>（10）完成效果，如图5-10所示。 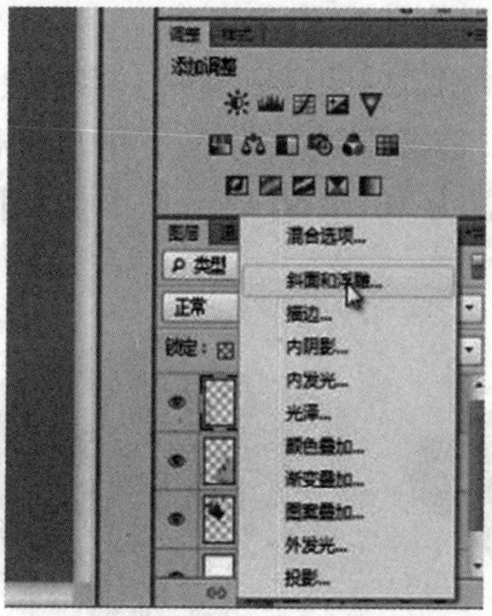<br><br>图5-9　添加斜面浮雕效果 　　　图5-10　完成效果 |
| 任务总结 | |
| 实施人员 | |
| 任务点评 | |

### 5.1.1 魔棒

单击"魔棒工具组"按钮 右下角，并按住鼠标左键，会弹出 2 种选区类型，如图 5-11 所示，分别为"快速选择工具""魔棒工具"。魔棒工具组的快捷键是"W"，当对组中两种选区工具进行切换时可按住"Shift"+"W"组合键实现。

魔棒工具用于选择图像中颜色相似的不规则区域。在工具箱中选择魔棒工具，然后在图像中的某点上单击，即可将该图像附近颜色相同或相似的区域选取出来。"魔棒工具"属性栏如图 5-12 所示。

图 5-11 魔棒工具组

图 5-12 "魔棒工具"属性栏

魔棒工具在使用时有两个重要参数："容差"和"连续"。

容差：是指容许差别的程度。在选择相似的颜色区域时，容差值的大小决定了选择范围的大小，容差值越大则选择的范围越大。容差值默认为 32，用户可根据选择的图像不同而增大或减小容差值，例如，将容差值设置为 10 和 60 时，在图像相同位置单击后，效果如图 5-13 所示。

（a）　　　　　　　　（b）

图 5-13 容差

（a）容差值设置为 10；（b）容差值设置为 60

连续：勾选此项时，只选择颜色连接的区域。取消勾选时，可以选择与鼠标单击点颜色相近的所有区域，包括没有连接的区域。例如，将容差值设为 20，勾选"连续"和未勾选"连续"复选框，其对比图如图 5-14 所示。

图 5-14 连续
(a) 勾选"连续"复选框;(b) 未勾选"连续"复选框

## 5.1.2 快速选择

快速选择工具需要按住鼠标左键进行拖拽实现选区的选择,快速选择工具的选择半径可根据需要进行调节,单击图中笔尖大小 15 即可调节。快速选择工具可以不用任何快捷键进行加选,在快速选择颜色差异大的图像时会非常直观和快捷。其属性栏中包含"新选区""添加到选区""从选区减去"3 种模式。

> **PS小贴士**
> 快速选择工具的选择半径类似画笔笔尖,大小可以调节,使用"["键可以减小选择半径,使用"]"键可以增大选择半径。

## 5.1.3 橡皮擦

### 1. 橡皮擦工具

橡皮擦工具(快捷键为"E")用于擦除图像中的像素。如果擦除背景图层或锁定了透明区域(按下"图层"面板中的 按钮)的图层,涂抹区域会显示为背景色;擦除其他图层时,则可擦除涂抹区域的像素。例如,对"玫瑰花.JPEG"和"玫瑰花.PSD"图像分别擦除叶子的效果对比如图 5-15 所示。

选择橡皮擦工具时,其工具选项栏如图 5-16 所示。

150 :单击该按钮右侧的下拉按钮,在弹出的设置框中输入相应的数值,可对橡皮擦的笔尖形状、笔刷大小和硬度进行设置。

模式:用于设置橡皮擦的种类。选择"画笔",可创建柔边擦除效果;选择"铅笔",可创建硬边擦除效果;选择"块",擦除的效果为块状。

抹到历史记录:勾选该项后,橡皮擦工具就具有历史记录画笔的功能,可以有选择地将图像恢复到指定步骤。

图 5-15　擦除叶子的效果对比
（a）擦除背景图层；（b）擦除其他图层

图 5-16　"橡皮擦工具"选项栏

## 2. 背景橡皮擦工具

背景橡皮擦位于橡皮工具组中，使用时，除画笔外形外，中间还有一个十字叉，擦除物体边缘的时候，即便画笔覆盖了物体及背景，但只要十字叉是在背景的颜色上，只有背景会被删除掉，物体不会，如图 5-17 所示。

图 5-17　背景橡皮擦

背景橡皮擦属性工具栏中可以设置取样范围，"连续"按钮表示随着光标的移动，会连续取样擦除，"背景色板"按钮表示只擦除背景色中取样的颜色，设置为这一选项后，将"菊花"图片前景色设置为黄色，勾选"保护前景色"复选框后，将不会擦除菊花部分，如图 5-18 所示。

## 3. 魔术橡皮擦工具

魔术橡皮擦擦除图像时，根据容差值的大小，可以自动擦除相近的颜色。参数的作用类似魔棒工具参数。

图 5-18　保护前景色

背景橡皮擦和魔术橡皮擦在擦除背景图层图像时，会自动把背景层转换为普通图层，被擦除的部分变为透明。

# 实训任务二　手机广告

### 任务清单 5-2　手机广告

| 项目名称 | 任务清单内容 |
| --- | --- |
| 任务情境 | 朋友看到 Mary 制作的巧克力广告很是羡慕，他从网上看到了自己用的手机的广告图，觉得制作效果一般，没有突出手机的 3D 效果，于是他找来 Mary 帮忙制作一张更好看的手机广告。 |
| 任务目标 | （1）掌握套索、磁性套索的作用及使用方法；<br>（2）掌握色彩范围的使用方法；<br>（3）掌握网络广告图像设计的要点及制作方法。 |
| 任务要求 | 请根据任务情境，通过知识点学习，完成以下任务：<br>（1）运用套索等工具完成图像的抠图操作；<br>（2）根据任务要求完成网络手机广告图像制作。 |
| 任务思考 | （1）如何利用套索工具绘制直线？<br>（2）多边形套索可以绘制曲线吗，如何绘制？<br>（3）网络广告设计要点是什么？ |
| 任务实施 | （1）打开素材 Logo、手机、鹦鹉三张图像。<br>（2）新建画布参数，如图 5-19 所示。<br>（3）切换到"手机"图像，选择吸管工具，在图像蓝色部分单击，吸取蓝色为前景色，切换到新建的手机广告图像，按"Alt"+"Delete"组合键进行前景色填充，如图 5-20 所示。 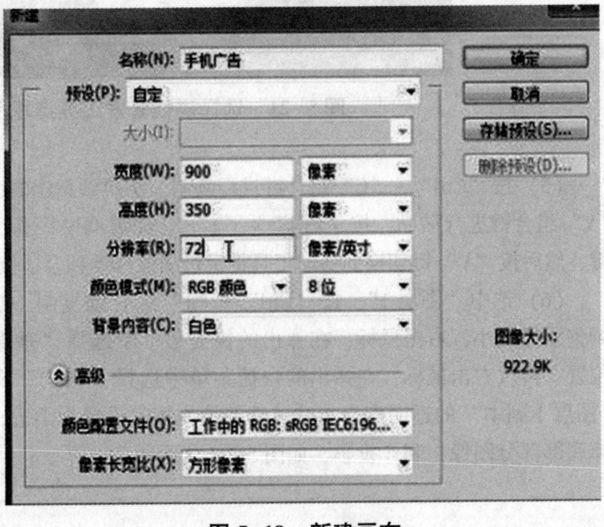<br><br>图 5-19　新建画布 |

| 项目名称 | 任务清单内容 |
|---|---|
| 任务实施 | 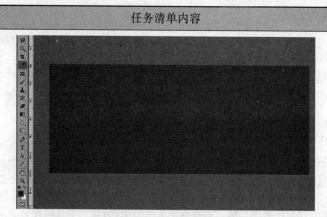<br>图 5-20　前景色填充<br><br>（4）切换到"手机"图像，选择磁性套索工具选取手机，在手机边缘单击生成一个锚点，移动鼠标沿手机边缘滑动，在拐弯处可单击一次生成一个锚点，回到起点处闭合选区，如图 5-21 所示。<br><br><br>图 5-21　选择磁性套索工具选取手机<br><br>（5）按"Ctrl"+"C"组合键进行复制，切换到新建的手机广告图像中，按"Ctrl"+"V"组合键进行粘贴，按"Ctrl"+"T"组合键调整图像大小，调整结束后按"Enter"键，然后按"V"键切换到移动工具将手机图像移动到合适位置，如图 5-22 所示。<br>（6）选中"图层 1"，按"Ctrl"+"J"组合键复制一层，按"Ctrl"+"T"组合键调整图像大小，右击鼠标，在弹出的快捷菜单中选择"垂直翻转"命令，先调整到合适位置，再次右击鼠标，在弹出的快捷菜单中选择"斜切"命令，将手机底部对齐。调整"图层 1 副本"的透明度为 30%，选择橡皮擦，设置为柔边，在"图层 1 副本"上轻轻擦掉底部部分图像，制作投影，如图 5-23 所示。 |

续表

| 项目名称 | 任务清单内容 |
| --- | --- |
| 任务实施 | 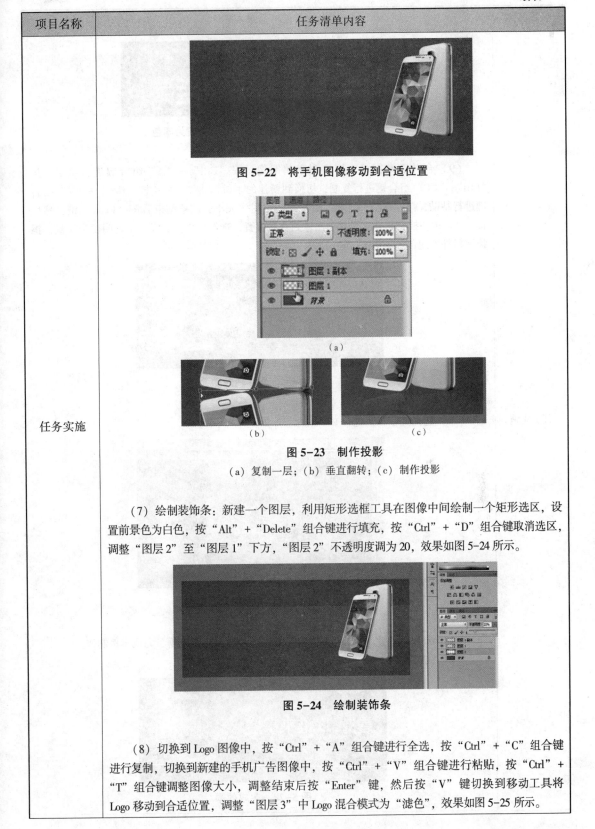<br>图 5-22 将手机图像移动到合适位置<br><br>（a）<br>图 5-23 制作投影<br>（a）复制一层；（b）垂直翻转；（c）制作投影<br><br>（7）绘制装饰条：新建一个图层，利用矩形选框工具在图像中间绘制一个矩形选区，设置前景色为白色，按"Alt"+"Delete"组合键进行填充，按"Ctrl"+"D"组合键取消选区，调整"图层 2"至"图层 1"下方，"图层 2"不透明度调为 20，效果如图 5-24 所示。<br><br>图 5-24 绘制装饰条<br><br>（8）切换到 Logo 图像中，按"Ctrl"+"A"组合键进行全选，按"Ctrl"+"C"组合键进行复制，切换到新建的手机广告图像中，按"Ctrl"+"V"组合键进行粘贴，按"Ctrl"+"T"组合键调整图像大小，调整结束后按"Enter"键，然后按"V"键切换到移动工具将 Logo 移动到合适位置，调整"图层 3"中 Logo 混合模式为"滤色"，效果如图 5-25 所示。 |

续表

| 项目名称 | 任务清单内容 |
|---|---|
| 任务实施 |

图 5-25　调整"图层 3"混合模式为滤色

（9）合并鹦鹉图像：切换到鹦鹉图像，按"Ctrl"+"A"组合键进行全选，按"Ctrl"+"C"组合键进行复制，切换到新建的手机广告图像中，按"Ctrl"+"V"组合键进行粘贴，按"Ctrl"+"T"组合键调整图像大小，调整结束后按"Enter"键，然后按"V"键切换到移动工具移动图像到合适位置，选择橡皮擦，降低不透明度和流量，擦掉手机外的尾部，如图 5-26 所示。

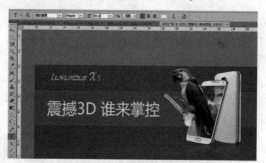

图 5-26　合并鹦鹉图像

（10）选择文字工具进行文字输入，如图 5-27 所示。

图 5-27　文字输入

（11）选中文字层，单击"fx"按钮，勾选"投影"复选框，完成案例制作。
（12）完成效果如图 5-28 所示。

图 5-28　完成效果 |

续表

| 项目名称 | 任务清单内容 |
| --- | --- |
| 任务总结 | |
| 实施人员 | |
| 任务点评 | |

## 5.2.1 套索工具

**1. 套索工具**

使用套索工具可以创建不规则的选区。在工具箱中选择套索工具(快捷键为"L")后,在图像中按住鼠标左键不放并拖动,释放鼠标后,选区即创建完成,如图5-29所示。

使用套索工具创建选区时,若光标没有回到起始位置,松开鼠标后,终点和起点之间会自动生成一条直线来闭合选区。未松开鼠标之前按下"Esc"键,可以取消选定。

**2. 磁性套索工具**

磁性套索工具适用于在图像中沿图像颜色反差较大的区域创建选区。在工具箱中选择磁性套索工具后,按住鼠标左键不放,沿图像的轮廓拖动,系统自动捕捉图像中对比度较大的图像边界并自动产生锚点,当偏离路线生成多余锚点时,可以按"Delete"键进行删除,当到达起始点时单击即可完成选区的创建,如图5-30所示。

图5-29 使用套索工具创建选区

图5-30 使用磁性套索工具创建选区

在"磁性套索工具"属性栏可以设置"宽度""对比度"及"频率"等参数,如图5-31所示。

图5-31 "磁性套索工具"属性栏

宽度：在数值框中可输入0~40之间的数值，对于某一给定的数值，磁性套索工具将以当前用户鼠标所处的点为中心，以此数值为宽度范围，在此范围内寻找对比强烈的边界点作为选界点。

对比度：对比度控制了磁性套索工具选取图像时边缘的反差。可以输入0~100%之间的数值，输入的数值越高则磁性套索工具对图像边缘的反差越大，选取的范围也就越准确。

频率：它对磁性套索工具在定义选区边界时插入的定位锚点多少起着决定性的作用。可以在0~100之间选择任一数值输入，数值越高则插入的定位锚点就越多，反之定位锚点就越少。

### 5.2.2 色彩范围

色彩范围通过选择图像中的颜色来创建选区，色彩范围没有快捷键，可以通过"选择"菜单中的"色彩范围"命令打开"色彩范围"对话框，色彩范围的作用方式同魔棒工具和快速选择工具类似，但色彩范围比魔棒工具具有更多的参数设置和更准确的选择精度。

"色彩范围"设置面板可通过吸取颜色和调节颜色容差数值进行选区颜色的选择，当颜色容差数值变大时，选定颜色的选区范围会随之变大，当容差数值变小时，选定颜色的选区范围会随之变小。

色彩范围选择颜色的方式，除了使用"色彩范围"设置面板中的吸管以外，还可以通过下拉菜单中设定的"红色""黄色""绿色""青色""蓝色""洋红"以及"高光""阴影""中间调"和"溢色"等进行颜色的选择。"本地化颜色簇"选项也是用于进行颜色的选取，勾选"本地化颜色簇"复选框后，"范围"滑块可以控制选区中的颜色与取样点的距离大小。如图5-32所示，图像中包含两朵菊花，若要选中画面中间较大的一朵花，则对其颜色进行取样，并缩小"范围"滑块，用以避免选中另外一朵颜色相似的花朵。

图5-32 色彩范围

"色彩范围"设置面板中预览窗口下面有两种预览显示方式，即"选择范围""图像"，当选中"选择范围"单选按钮时，预览窗口呈现的是选区的范围，当选中"图像"单选按钮时，预览窗口呈现的是图像本身。不勾选"反相"复选框时选择范围中白色部分为选中的区域，勾选了"反相"复选框时黑色部分为选中区域。

# 学习笔记

# 项目六

## 视觉特效设计

### 知识目标

- 掌握图像合成、特效设计的基础知识
- 掌握图层蒙版的作用及工作原理
- 掌握创建与删除图层蒙版的操作方法
- 熟练掌握编辑图层蒙版
- 掌握文字工具的使用方法

### 技能目标

- 能够熟练运用图层蒙版进行合成
- 能够熟练运用文字工具
- 能够熟练运用画笔工具和渐变工具编辑图层蒙版

### 素质目标

- 培养学生依据任务需求进行视觉特效设计的基本素质
- 培养学生进行艺术文字的设计能力
- 培养学生对蒙版和文字工具的运用能力

# 实训任务一　置换天空

## 任务清单 6-1　置换天空制作涉及的基本操作

| 项目名称 | 任务清单内容 |
| --- | --- |
| 任务情境 | 　　图像合成是 Photoshop 标志性的应用领域，无论是平面广告设计、效果图修饰、数码相片设计还是视觉艺术创意，都无法脱离图像合成而存在。在使用 Photoshop 进行图像合成中可以使用多种技术方法，但其中使用最多的还是蒙版技术。 |
| 任务目标 | （1）掌握图层蒙版的创建与删除；<br>（2）熟悉图层蒙版的编辑。 |
| 任务要求 | 请根据任务情境，通过知识点学习，完成以下任务：<br>（1）为图层添加图层蒙版；<br>（2）编辑图层蒙版。 |
| 任务思考 | （1）图层蒙版的原理是什么？<br>（2）使用什么方法在图层蒙版上创建不同的灰度？<br>（3）创建蒙版有几种方法？ |
| 任务实施 | （1）打开文件"素材1"，选择"文件"→"存储为"菜单命令，保存文件名为"置换天空"，如图 6-1 所示。 <br><br>图 6-1　保存文件名为"置换天空"<br><br>（2）打开文件"素材2"，用移动工具将其拖动到文件"置换天空"，自动创建"图层1"，如图 6-2 所示。 |

续表

| 项目名称 | 任务清单内容 |
| --- | --- |
| |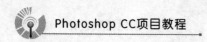

图 6-2 创建"图层 1" |
| 任务实施 | (3) 选中"图层 1",单击"图层"面板的"添加图层蒙版"按钮 ,为图层添加图层蒙版。选中的图层 1 上,就会出现一个白色的长方形,这就是添加出来的图层蒙版,位于所选图层右侧,如图 6-3 所示。

图 6-3 添加图层蒙版

(4) 对图层 1 中的天空部分进行处理,将需要天空部分进行显示,而树木、远山则要进行隐藏。选择渐变工具,在图层蒙版中让这些多余的元素消失。首先按下字母"D",让前景色与背景色恢复为默认的黑白色,前景色为黑色,背景色为白色。对渐变工具进行基本设置。打开"渐变编辑器"对话框,如图 6-4 所示,选择第 2 种预设——"前景色到透明渐变"。 |

| 项目名称 | 任务清单内容 |
|---|---|
| 任务实施 |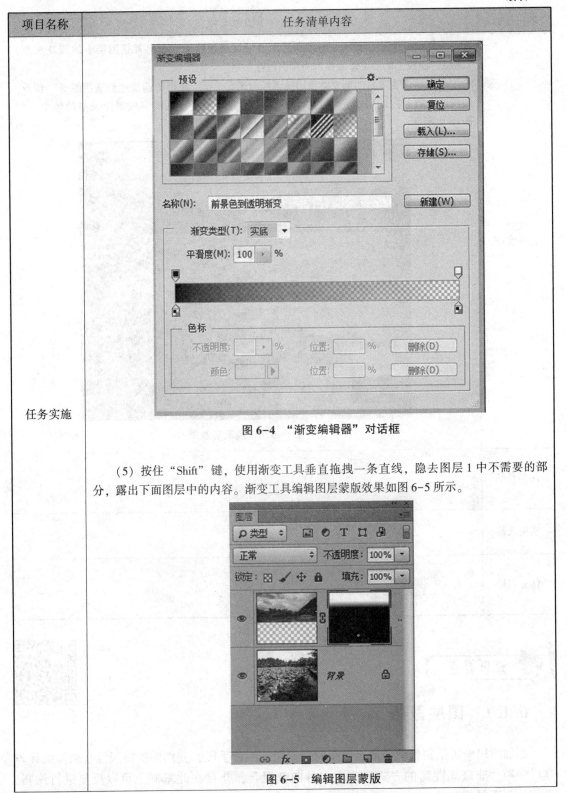

图 6-4 "渐变编辑器"对话框

（5）按住"Shift"键，使用渐变工具垂直拖拽一条直线，隐去图层1中不需要的部分，露出下面图层中的内容。渐变工具编辑图层蒙版效果如图 6-5 所示。

图 6-5 编辑图层蒙版 |

续表

| 项目名称 | 任务清单内容 |
| --- | --- |
| 任务实施 | 天空素材中的下半部分湖水和树木已经逐渐被隐去，露出背景图层中的荷花水面，"图层"面板上的图层蒙版显示为黑白过渡形态。<br>（6）将渐变工具的渐变类型切换到径向渐变类型，使用"前景色到透明渐变"预设，在图层蒙版上拖动用来去除天空与树木的接缝处痕迹，从而实现置换天空的效果，如图 6-6 所示。 <br><br>图 6-6　置换天空效果 |
| 任务总结 | |
| 实施人员 | |
| 任务点评 | |

## 6.1.1　图层蒙版

添加图层蒙版是制作图像混合效果时最常用的一种手段，使用图层蒙版混合图像的优点是以一种"非破坏性"的方式来实现多种图像混合，并且在此基础上可以反复进行编辑，最终达到需要的效果。

要正确、灵活地使用图层蒙版，必须了解图层蒙版的原理，简单地说，图层蒙版就是使用一张灰度图像，给目标图层加上图层蒙版时，不管当前图像是否是彩色模式，蒙版上只能填上黑白的 256 级灰度图像，且蒙版上不同的黑、白、灰色色调可控制目标图层上像素的透明度，即：蒙版白色位置，相当于图层上图像效果为不透明；蒙版黑色部分，相当于图层上的图像为全透明；蒙版呈不同程度的灰色，则图像呈不同程度的透明状态。

## 6.1.2 图层蒙版基本操作

### 1. 创建图层蒙版

在 Photoshop 中有两种创建图层蒙版的方法，下面分别讲解这两种操作方法。

(1) 直接添加图层蒙版。

要直接为图层添加蒙版，可以使用下面的操作方法之一，选择要添加图层蒙版的图层，单击"图层"面板底部的"添加图层蒙版"按钮 或选择"图层"→"图层蒙版"→"显示全部"命令，此时创建出来的图层蒙版为白色，如图 6-7 所示。

如果要创建一个隐藏整个图层的蒙版，可以按住"Alt"键单击"添加图层蒙版"按钮，或者选择"图层"→"图层蒙版"→"隐藏全部"命令，此时创建出来的图层蒙版为黑色，如图 6-8 所示。

图 6-7　添加图层蒙版

图 6-8　创建隐藏图层蒙版

(2) 依据选区添加图层蒙版。

如果当前图层中创建了选区，可以利用该选区添加图层蒙版，并决定添加图层蒙版后是显示还是隐藏选区内部的图像，可以按照以下操作之一来利用选区添加图层蒙版。

**操作一：依据选区范围添加蒙版**

选择要添加图层蒙版的图层存在选区时，单击"图层"面板底部的"添加图层蒙版"按钮，会直接在当前图层中添加蒙版，选区外的图像将被隐藏。此时，添加图层蒙版的

"图层"面板如图 6-9 所示。

图 6-9　添加图层蒙版的"图层"面板

选区的范围是白色的，选区外的范围是黑色的，根据蒙版的原理，黑透白不透，蒙版中的白色部分，是选区部分所呈现出来的，是当前图层选区范围内的图像；蒙版中的黑色部分，是选区范围外的部分，显示的是下方图层中的内容，也就是背景图层中的风景图像。如图 6-10 所示为添加蒙版后的效果。

图 6-10　图层添加蒙版后的效果

**操作二：依据与选区相反的范围添加蒙版**

在图层上创建选区后，按住"Alt"键在"图层"面板中单击"添加图层蒙版"按钮 ◨，即可依据与当前选区相反的范围，为图层添加蒙版，即先对选区执行反相操作，然后再为图层添加蒙版。

### 2. 显示和隐藏图层蒙版

按住"Alt"键不放，单击"图层"面板中的图层蒙版缩览图，画布中的图像将被隐藏，只显示蒙版图像，如图 6-11 所示，按住"Alt"键不放，再次单击图层蒙版缩览图将恢复画布中的图像效果。

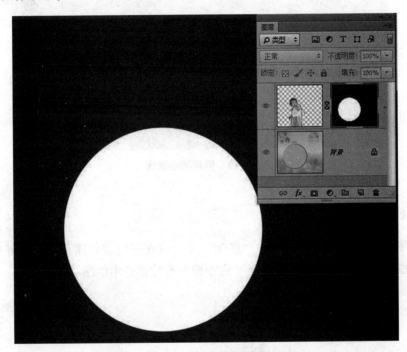

图 6-11 显示蒙版图像

### 3. 应用和停用图层蒙版

执行"图层"→"图层蒙版"→"停用"命令或者按住"Shift"键不放单击图层蒙版缩览图可停用被选中的图层蒙版，此时图像将全部显示，如图 6-12 所示，再次单击图层蒙版缩览图将恢复图层蒙版效果。

### 4. 图层蒙版的链接

在"图层"面板中，图层缩览图和图层蒙版缩览图之间存在链接图标，用来关联图像和蒙版，当移动图像时，蒙版会同步移动。单击链接图标时，将不再显示此图标，此时可以分别对图像与蒙版进行操作。

图 6-12　停用图层蒙版

### 5. 删除图层蒙版

选择"图层"→"图层蒙版"→"删除"命令或在图层蒙版缩览图上右键单击,在弹出的快捷菜单中,选择"删除图层蒙版"命令即可删除被选中的图层蒙版。

## 6.1.3　编辑图层蒙版

在"图层"面板中单击添加图层蒙版的蒙版缩览图,使之成为选择状态。蒙版上只能填充黑、白、灰三类色调。添加蒙版后,可以对蒙版进行反复修改。使用比较频繁的工具一个是画笔工具,另一个就是渐变工具。二者是通过编辑蒙版实现图像无痕合成、达到理想效果的重要利器。

### 1. 使用画笔工具

选择画笔工具,并按以下准则操作,如果要隐藏当前图层,用黑色在蒙版中绘图,如果要显示当前图层,用白色在蒙版中绘图,如果要使当前图层部分可见,用灰色在蒙版中绘图。如果要退出蒙版编辑状态,开始编辑图层中的图像,单击"图层"面板中图层的缩览图将其激活。

在画笔编辑蒙版前,也可以根据图层的显示与隐藏需要,预先设置画笔的笔触、大小、硬度、流量、不透明度的参数值,不同的参数产生不同的蒙版受影响程度。画笔绘图过程中,除了可调画笔的属性参数外,可通过"X"键切换前景色和背景色来编辑蒙版,从而控制图层的显示和隐藏。这种操作方法,灵活度很高,可随时根据需要在蒙版中进行涂抹,得到不同灰度层次的图像,从而快速地显示或隐藏图像。

**2. 使用渐变工具**

为图层添加图层蒙版,以后常会用到工具箱中的渐变工具对蒙版进行编辑使用,渐变工具可以制作渐隐的效果,使图像蒙版的编辑过渡非常自然,在合成图像中,经常被应用。

# 实训任务二　海上明月

任务清单6-2　海上明月的基本操作

| 项目名称 | 任务清单内容 |
| --- | --- |
| 任务情境 | 　　混合模式是视觉设计中不可或缺的一项技术,我们在各种媒体上看到的合成图像,几乎或多或少地使用了混合模式来达到融合图像的目的,掌握混合模式的使用技巧后,只需几分钟时间就能创作出神奇的视觉效果。 |
| 任务目标 | (1) 掌握混合模式的使用方法;<br>(2) 掌握混合模式的适用区域。 |
| 任务要求 | 请根据任务情境,通过知识点学习,完成以下任务:<br>(1) 根据效果的需要选择合适的混合模式;<br>(2) 掌握不同类型的混合模式的应用。 |
| 任务思考 | (1) 混合模式的应用方法是什么?<br>(2) 混合模式有几种类型?<br>(3) 调整图层的优势是什么? |
| 任务实施 | 　　(1) 执行"文件"→"新建"命令,在弹出的"新建"对话框中设置宽度为600像素、高度为900像素、分辨率为72像素/英寸、颜色模式为RGB颜色、背景内容为白色,如图6-13所示,设置完成后单击"确定"按钮,新建图像文件。 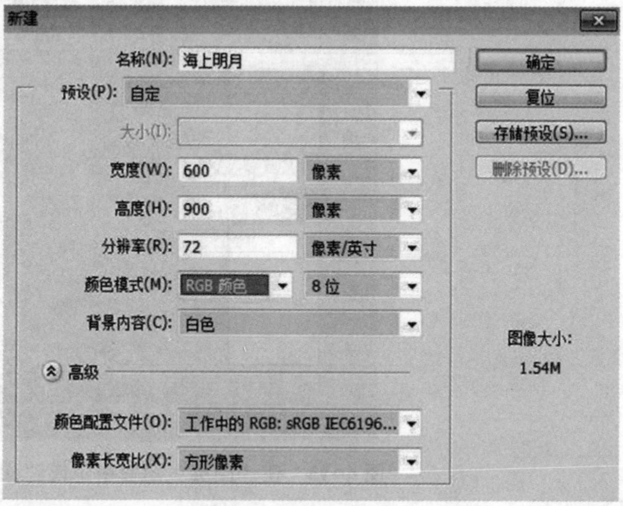<br><br>图6-13　新建图像文件 |

| 项目名称 | 任务清单内容 |
| --- | --- |
| 任务实施 | （2）打开素材图像"海边.jpg"，选择移动工具，将素材图像"海边"拖入"海上明月.psd"的画布上，位置如图6-14所示。<br><br>图 6-14　将素材"海边"拖入"海上明月"的画布上<br><br>此时，"图层"面板中生成"图层1"，如图6-15所示。<br><br>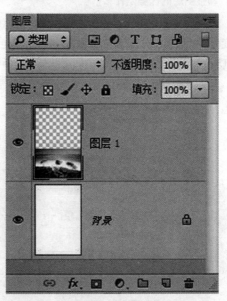<br><br>图 6-15　在"图层"面板中生成"图层1" |

续表

| 项目名称 | 任务清单内容 |
|---|---|
| 任务实施 | （3）选择矩形选框工具，在图像的天空上绘制一个矩形选区，如图6-16所示。<br><br>图6-16 绘制矩形选区<br><br>（4）按下"Ctrl"+"T"组合键，调出定界框，将光标置于定界框上部的边点，当光标变为双箭头形状时，向上拖动定界框至画布顶端时单击"Enter"键确定。然后按下"Ctrl"+"D"组合键，取消选区。自由变换后效果如图6-17所示。<br><br>图6-17 自由变换效果 |

续表

| 项目名称 | 任务清单内容 |
| --- | --- |
| 任务实施 | （5）打开素材图像"天空.jpg"，选择移动工具，将素材图像"天空"拖入"海上明月.psd"的画布上，位置如图6-18所示。此时，在"图层"面板中生成"图层2"。<br><br>图6-18 将素材"天空"拖入"海上明月"的画布<br>（6）选择"图层2"，在"图层"面板中的模式组下拉列表中选择"滤色"模式，此时图层2的图层混合模式将发生变化，如图6-19所示。<br>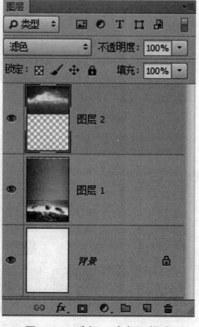<br>图6-19 选择"滤色"模式 |

续表

| 项目名称 | 任务清单内容 |
| --- | --- |
| 任务实施 | （7）单击"图层"面板底部的"创建新的填充图层或调整图层"按钮，创建"曲线 1"调整图层，如图 6-20 所示。<br>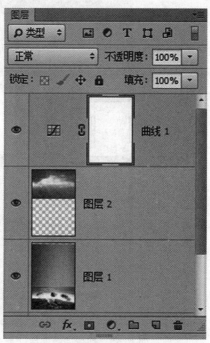<br>图 6-20　创建"曲线 1"调整图层<br><br>打开"曲线"对话框，将曲线向下拉，降低图像的亮度，如图 6-21 所示。<br>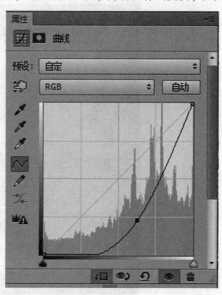<br>图 6-21　将"曲线"向下拉动 |

续表

| 项目名称 | 任务清单内容 |
|---|---|
| 任务实施 | 使用"Ctrl"+"Alt"+"G"组合键，创建调整图层"曲线1"的剪贴蒙版，如图6-22所示，目的是让调整图层"曲线1"仅对图层2起到曲线调整作用。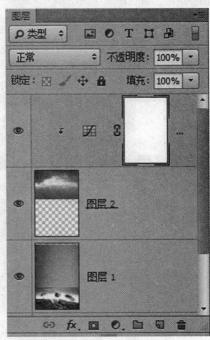<br>图6-22 创建调整图层"曲线1"的剪贴蒙版<br><br>实现"天空"融入背景的效果，如图6-23所示。<br>图6-23 "天空"融入背景的效果 |

续表

| 项目名称 | 任务清单内容 |
| --- | --- |
| 任务实施 | (8) 打开素材图像"明月.jpg",选择移动工具,将素材图像"明月"拖入"海上明月"的画布上,此时,"图层"面板中生成"图层 3",如图 6-24 所示。<br>(9) 选中"图层 3",单击"图层"面板中的"图层混合模式"按钮,在弹出的下拉菜单中选择"滤色"模式,此时图层 3 的图层混合模式将发生变化。按下"Ctrl"+"T"组合键,调出定界框,将图层 3 旋转并缩放至如图 6-25 所示效果。<br>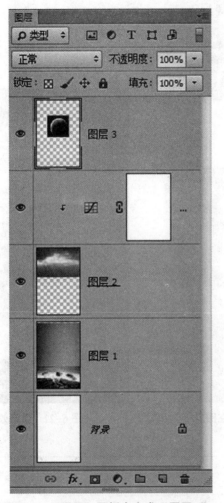 <br>图 6-24 "图层"面板中生成"图层 3"　　图 6-25 图层3旋转并缩放的效果<br>(10) 选中"图层 3",单击"图层"面板底部的"添加图层蒙版"按钮,为图层 3 添加图层蒙版,将前景色设置为黑色。选择画笔工具,在其选项栏中设置画笔"大小"为 80 像素、画笔"形状"为柔边圆、设置"不透明度"为 30%。使用画笔工具在图层蒙版上进行涂抹,使在海平面附近的明月处过渡自然,如图 6-26 所示。 |

续表

| 项目名称 | 任务清单内容 |
|---|---|
| 任务实施 | 最终效果如图 6-27 所示。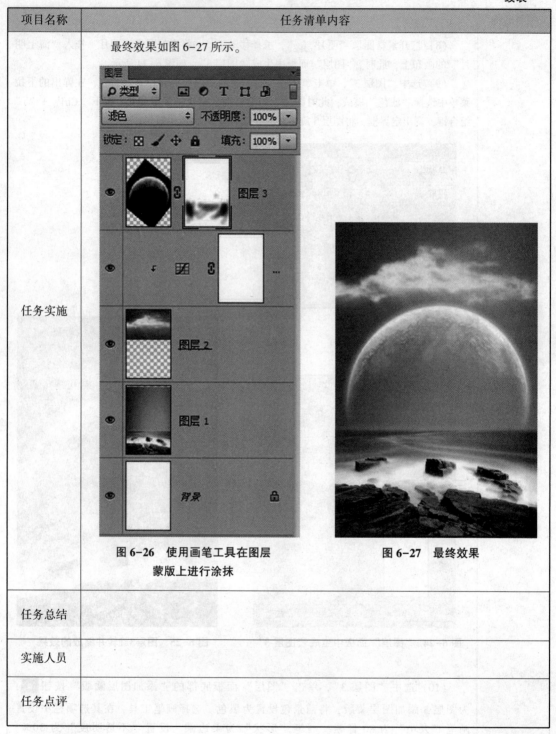<br>图 6-26 使用画笔工具在图层蒙版上进行涂抹　　图 6-27 最终效果 |
| 任务总结 | |
| 实施人员 | |
| 任务点评 | |

## 6.2.1 图层混合模式

### 1. 认识混合模式

图层混合模式最基本的作用是混合图像,除了混合图像这一基本功能之外,还可以用混合模式隐藏图像,更多的细节也可以使用混合模式提高或降低图像的对比度,以及制作出单色图像的效果。

简单来说,当我们希望利用混合模式融合图像时,就必须拥有两个图层对象,即基色图层(指融合前原稿图像的颜色所在的图层)和混合色图层(指用于与原稿图像进行混合的颜色所在的图层)。当满足上面的条件并设定适当的混合模式后即可依据基色图层与混合色图层的状态,以及该混合模式的运算方式进行计算,从而得到最终我们所看到的颜色(结果色)。

### 2. 混合图像的方法

在 Photoshop 中,我们可以使用多种方式来进行图像间的混合,如设置图层的不透明度和填充不透明度的参数,以及使用强大的图层蒙版功能和图层混合模式功能。不透明度和填充不透明度都可以简单地理解为使图层的图像具有一定的透明效果,从而能够透过上层图像看到下层图像的内容,可以说这两个功能是 Photoshop 中最为简单的。两个图层混合功能,对于图层蒙版而言,原理是利用 256 级灰度颜色来控制图像的显示与隐藏,最具有代表性的自然就是黑色和白色,当我们在蒙版中使用黑色绘图时,则对应位置的图像就会被隐藏。反之,蒙版中白色区域对应的图像就会被显示。在实际工作过程中,要得到很好的混合图像,并非是采用以上几种方法中的一种方法,大多数情况下我们仍需要综合使用其中的几种甚至全部的方法来达到最终目的。

### 3. 混合模式的分类

Photoshop 将混合模式进行了分类,在"图层"面板混合模式下拉菜单中选择混合模式选项时就可以发现每隔几个混合模式就会出现一条分割线。根据图层混合模式之间的分割线可以判断出图层混合模式的分类,从上至下各类混合模式分别为常规、变暗、变亮、融合、特殊以及色彩共六大类,下面将分别对各类混合模式的功能进行简单介绍。

(1) 常规型混合模式:此类混合模式包括"正常"和"溶解"两种模式,主要用于常规的基本混合。"溶解"混合模式的效果取决于混合色图层的透明度值的大小。值越小,"溶解"混合模式产生的效果越明显。

(2) 变暗型混合模式:此类混合模式包括变暗、正片叠底、颜色加深、线性加深和深色五种模式,主要用于滤除图像中的亮调图像,从而达到使图像变暗的目的。

(3) 变亮型混合模式:此类混合模式包括变亮、滤色、颜色减淡、线性减淡和浅色五种模式。与上面的变暗型混合模式刚好相反,此类混合模式主要用于滤除图像中的暗调图像,从而达到使图像变亮的目的。

（4）融合型混合模式：此类混合模式包括叠加、柔光、强光、亮光、线性光、点光和实色混合7种模式，主要用于不同程度的对上下图层中的图像进行融合。

（5）特殊混合模式：此类混合模式包括差值、排除、减去、划分4种模式，主要用于制作各种特殊效果。

（6）色彩型混合模式：此类混合模式包括色相、饱和度、颜色和明度4种模式，它们主要是依据图像的色相、饱和度等基本属性完成图像的混合。

### 4. 图层混合模式功能详解

混合模式可以控制混合色图层（上）、基色图层（下）的图像混合效果。单击"图层"面板中"正常"模式右侧的下拉列表按钮，将弹出一个有27种混合模式的下拉列表框。选择每一种混合模式，几乎都可以得到不同的效果。

（1）正常：将混合模式设置为"正常"时上方图层中的图像将遮盖下方图层的图像。

（2）溶解：可以看到混合色随机取代下面的基色，得到的结果色取决于混合色和基色的不透明度。应用这个模式，我们可以得到一种砂纸的效果，如图6-28所示。

（3）变暗：两个图层中较暗的颜色，将作为混合后的颜色保留，比混合色亮的像素将被替换，而比混合色暗的像素保持不变，如图6-29所示。

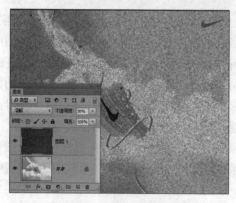
图6-28 "溶解"混合模式

图6-29 "变暗"混合模式

（4）正片叠底：相当于把基色和混合色的图像都制作成幻灯片，然后把它们叠放在一起，叠起来凑到亮处看的效果。由于两张幻灯片上都有内容，所以重叠起来的图像肯定比单张幻灯片要暗。作为最常用的混合模式之一，"正片叠底"模式常用来加深图像，使图像具有厚重感和神秘感。如图6-30所示，在加深图像的过程中，颜色过渡比较柔和，不容易失去细节。另外，在此模式下任何颜色与图像中的黑色重叠时将产生黑色，任何颜色与白色重叠的时候该颜色将保持不变。

（5）颜色加深："颜色加深"模式中混合色决定"基色"的变化方向和变化程度。混合色决定对应的基色朝暗方向变化，混合色的颜色越深，与之对应的基色变黑的程度越大，如图6-31所示。

（6）线性加深：上方图层将依据下方图像的灰阶程度变暗后与背景图像混合融合。深色将依据图像的饱和度用上方图层中的颜色，直接覆盖下方图层中的暗调区域颜色。"线性加深"模式在混合时能保持非常均匀的特性，因此在纹理贴图上经常被使用。这类贴图的操作要点是纹理不能过重,可以考虑使用"色阶""亮度/对比度"命令减小反差;在混合时,也要考虑适当使用图层蒙版使混合更加自然,如图6-32所示。

图6-30 "正片叠底"混合模式
(a)"正常"模式下的图像显示;(b)应用"正片叠底"混合模式的效果

图6-31 "颜色加深"混合模式　　　　图6-32 "线性加深"混合模式

(7)深色:比较混合色和基色的所有通道值的总和并显示值较小的颜色。"深色"模式不会生成第三种颜色,因为它将从基色和混合色中选择最小的通道值来创建结果颜色。

(8)变亮:查看每个通道中的颜色信息,并选择基色或混合色中较亮的颜色作为结果色。比混合色暗的像素被替换,比混合色亮的像素保持不变,如图6-33所示,图6-33(a)为图像对应的"图层"面板,图6-33(b)是将"图层1"的混合模式设置为"变亮"后得到的效果。

(9)滤色:查看每个通道中的颜色信息,并将混合色与基色复合,结果色总是较亮的颜色。用黑色过滤时颜色保持不变,用白色过滤将产生白色,如图6-34所示,可以看出通过使用"滤色"混合模式将上下两个图层较亮的区域进行了保留。

(10)颜色减淡:选择此模式可以生成非常亮的合成效果,其原理为对上方图层的像素值与下方图层的像素值采取一定的算法相加,此模式通常被用来创建光源中心点极亮的效果。如图 6-35 所示,图 6-35(a)为图层和背景图层中图像的状态,以及对应的"图层"面板,图 6-35(b)为将图层的混合模式设置为"颜色减淡"后得到的效果。

(a)　　　　　　　　　　　　　　　(b)

图 6-33　"变亮"混合模式

(a)图像对应的"图层"面板;(b)"图层 1"混合模式设置为"变亮"后的效果

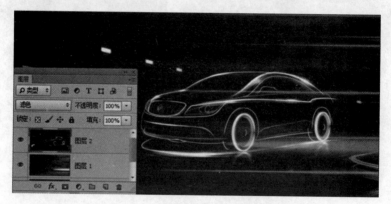

图 6-34　"滤色"混合模式

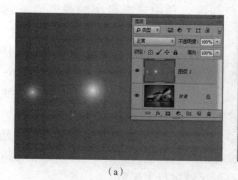

(a)　　　　　　　　　　　　　　　(b)

图 6-35　"颜色减淡"混合模式

(a)图像状态及对应的"图层"面板;(b)设置"颜色减淡"后的效果

(11）线性减淡（添加）：查看每一个颜色通道的颜色信息，加亮所有通道的基色，并通过降低其他颜色的亮度来反映混合颜色，此模式对于黑色无效，如图6-36所示。

图6-36 "线性减淡（添加）"混合模式

（12）浅色：与"深色"模式刚好相反，选择此模式，可以依据图像的饱和度，用当前图层中的颜色，直接覆盖下方图层中的高光区域颜色，如图6-37所示。

图6-37 "浅色"混合模式

（13）叠加："叠加"模式是"正片叠底"和"滤色"两种模式效果的综合。如果用高光着色，看起来像是"滤色"模式的效果；如果用暗调着色，看起来又像是"正片叠底"的效果，整个图像看起来比原来的图像反差要大得多。在实际应用中，我们常常利用"叠加"模式的这个特点制作一种高反差的效果，如图6-38所示。

（14）柔光："柔光"模式将产生一种柔光照射的效果。如果混合色颜色比基色颜色的像素更亮一些，那么结果色将更亮；如果混合色颜色比基色颜色的像素更暗一些，那么结果

图 6-38 "叠加"混合模式

色颜色将更暗,使图像的亮度反差增大。

（15）强光:产生一种强光照射的效果。如果混合色颜色比基色颜色的像素更亮一些,那么结果色颜色将更亮;如果混合色颜色比基色颜色的像素更暗一些,那么结果色将更暗。这种模式实质上同"柔光"模式是一样的,其效果要比"柔光"模式更强烈一些。

（16）亮光:如果混合色比50%灰度亮,图像通过降低对比度来加亮,反之则通过提高对比度来使图像变暗。

（17）线性光:如果混合色比50%灰度亮,图像通过提高对比度来加亮,反之则使图像变暗,如图6-39所示。

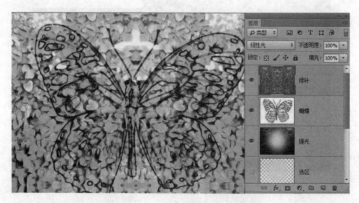

图 6-39 "线性光"混合模式

（18）点光:此模式通过置换颜色像素来混合图像,如果混合色比50%灰度亮,比原图像暗的像素则会被置换,而比原图像亮的像素无变化;反之,比原图像亮的像素则会被置换,而比源图像暗的像素无变化。

（19）实色混合:选择此模式可创建一种具有较硬的边缘的图像效果,类似于多块实色相混合,如图6-40所示。

（20）差值：此模式可在上方图层中减去下方图层相应处像素的颜色值，通常用于使图像变暗并取得反相效果，如图 6-41 所示。

（21）排除：选择此混合模式，可创建一种与"差值"模式相似，但对比度较低的效果。

（22）减去：选择此混合模式，可以使用上方图层中亮调的图像隐藏下方的内容。

（23）划分：选择此混合模式，可以在上方图层中加上下方图层相应处像素的颜色值，通常用于使图像变亮，如图 6-42 所示。

图 6-40 "实色混合"混合模式

图 6-41 "差值"混合模式

图 6-42 "划分"混合模式

（24）色相：选择此混合模式，最终图像的像素值由下方图层的亮度与饱和度值及上方图层的色相值构成，如图 6-43 所示。

（25）饱和度：选择此混合模式，最终图像的像素值由下方图层的亮度和色相值及上方图层的饱和度值构成。

（26）颜色：使用混合图层中的颜色替换下方图层中的颜色，但保留下方图层中的影调细节不变。当我们希望使用画笔工具给照片上色，但又不希望破坏画面影调表现的时候，就可以使用该混合模式，例如给黑白照片上色，如图 6-44 所示。

图 6-43 "色相"混合模式

图 6-44 "颜色"混合模式

（27）明度：选择此混合模式，最终图像的像素值由下方图层的色相和饱和度值及上方图层的亮度构成。

## 6.2.2 调整图层

### 1. 认识调整图层

调整图层是一类比较特殊的图层，该图层的特殊之处就在于其本身并不能装载任何的图像像素，但它可以包含一个图像调整命令，进而可以使用该命令对图像进行调整。Photoshop 提供了 15 种调整图层，这些调整图层对于应用于 15 种颜色调整命令，因此用好调整图层的前提是能够熟练应用这 15 种颜色调整命令。

### 2. 了解"调整"面板

"调整"面板的作用就是在创建调整图层时，将不再通过对应的"调整"对话框设置其参数，而是在此面板中进行，如图 6-45 所示。

图 6-45 "调整"面板

在选中或创建了调整图层后，则根据调整图层的不同，在面板中显示出对应的参数，如图 6-46 所示是在选择了"色相/饱和度"调整图层时的面板状态。

在此状态下，面板底部按钮的功能解释如下。

"此调整剪切到此图层"按钮：单击此按钮可以在当前调整图层与下面的图层之间创建剪贴蒙版，再次单击则取消剪贴蒙版。

"查看上一状态"按钮：在按住此按钮的情况下，可以预览本次编辑调整图层参数时刚调整完参数时的对比状态。

"复位到默认调整值"按钮：当之前已经编辑过调整图层的参数，然后再次编辑此调整图层时，单击此按钮可以复位至本次编辑时的初始状态。

"切换图层可见性"按钮：单击此按钮可以控制当前所选调整图层的显示状态。

"删除此调整图层"按钮：单击此按钮，并在弹出的对话框中单击"是"按钮，则可以删除当前所选的调整图层。

### 3. 创建调整图层

调整图层可以调整该图层以下所有图层的色彩和色调，使用此图层实际上能够起到一种跨越图层调整图像的功能。尤其需要指出的是，用这种方法调整图像的色

图 6-46 "色相/饱和度"调整图层的面板状态

彩和色调时，不改变图像的像素值，因此能够在最大程度上保持图像的原貌不变，从而为以后的调整工作保留最大的空间及自由度。所以如果不需要调整图层，或需要恢复至原始状态，可以随时删除调整图层。下面使用以下方法创建调整图层。

（1）选择"图层"→"新建调整图层"命令，此时将弹出如图 6-47 所示的"新建图层"对话框，可以看出与创建普通图层时的"新建图层"对话框是基本相同的，单击"确定"按钮退出对话框即可创建一个调整图层。

图 6-47　"新建图层"对话框

（2）单击"图层"面板底部"创建新的填充或调整图层"按钮，在弹出的快捷菜单中选择需要的命令，然后在"调整"面板中设置参数即可。

在"调整"面板中单击面板上半部分的各个图标，即可创建对应的调整图层。例如，组成图像的背景及雏菊图像分别位于不同的两个图层上，如图 6-48 所示。

设置"色相/饱和度""亮度与对比度"调整图层的参数，改变下方图层的色彩及提升亮度的效果如图 6-49 所示。

图 6-48　组成图像的背景及雏菊图像分别位于不同的两个图层上

图 6-49　改变色彩及提升亮度的效果

（3）更改调整图层参数。需要重新设置调整图层中所包含的命令参数，可以先选择要修改的调整图层，再执行以下操作之一。

方法一：执行"图层"→"图层内容选项"命令，即可在"调整"面板中调整其参数。

方法二：双击调整图层的图层缩览图即可在"调整"面板中调整其参数。

（4）编辑调整图层的蒙版。调整图层在被创建的同时就已经具有了一个图层蒙版，通过修改此图层蒙版，可以得到更为灵活的调整效果。"色相/饱和度"的图层蒙版编辑后对应的"图层"面板，如图6-50所示。

可见该调整图层只对雏菊进行了颜色的改变，而不对背景图像进行调整，得到如图6-51所示的调整效果。

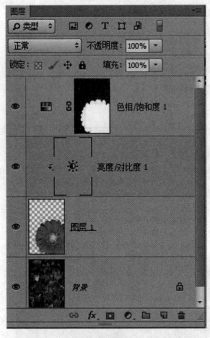

图6-50 "色相/饱和度"的图层蒙版编辑后对应的"图层"面板

图6-51 调整效果

在任意一个图层蒙版中，可以用纯黑色达到隐藏该图层中图像的作用，这一点对于调整图层也不例外。当某个调整图层的蒙版中有黑色，则与之对应的图像区域将不再拥有其调整效果。

### 6.2.3 矢量蒙版

利用矢量蒙版可以制作出很多矢量线条化风格的作品。从功能上看，矢量蒙版类似于图层蒙版，不同的是，矢量蒙版利用路径来限制图像的显示与隐藏，并需要使用如钢笔工具、路径选择工具等对矢量蒙版中的路径进行编辑，正是因为矢量蒙版的核心是路径线，因此具有其他任何一种蒙版都不具备的矢量特性，即能够创建出平滑的蒙版图像，而且在输出时矢量蒙版的光滑程度与分辨率无关，能够以任意一种分辨率进行输出。

1. 添加矢量蒙版

与添加图层蒙版一样，添加矢量蒙版同样能够得到两种不同的显示效果，即添加后完全显示图像及添加后完全隐藏图像。

在"图层"面板中选择要添加矢量蒙版的图层，执行"图层"→"矢量蒙版"→"显示全部"命令，或者按"Ctrl"键单击"图层"面板底部的"添加图层蒙版"按钮，可以得到显示全部图像的矢量蒙版，此时的"图层"面板显示如图 6-52 所示。

如果执行"图层"→"矢量蒙版"→"隐藏全部"命令，或者按"Ctrl"+"Alt"组合键单击"图层"面板底部的"添加图层蒙版"按钮，则可以得到隐藏全部图像的矢量蒙版，此时的"图层"面板显示如图 6-53 所示。观察图层矢量蒙版可以看出，隐藏图像的矢量蒙版表现为灰色，而非黑色。

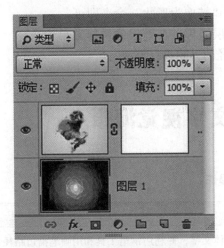 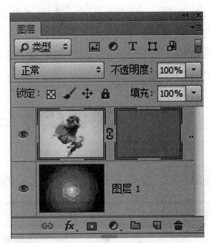

图 6-52　显示全部图像的矢量蒙版　　　　图 6-53　隐藏全部图像的矢量蒙版

2. 矢量蒙版的基本操作

（1）移动图像。

在图层缩览图与矢量蒙版处于链接状态的情况下，其移动特性与图层蒙版是完全相同的，即可以使用移动工具同时移动二者中的内容。当处于非链接状态的时候，使用移动工具，无论选择二者中的哪一个，都只能移动图层缩览图中的图像，要移动矢量蒙版中的路径则需要使用与编辑路径相关的工具，比如可以使用路径选择工具，选中当前矢量蒙版中的路径，然后进行位置的移动。无论当前图层缩览图与矢量蒙版是否处于链接状态，都可以直接移动矢量蒙版中的路径，而不会影响图像的位置。

（2）变换图像。

当图层矢量蒙版中的路径处于显示状态时，无法通过按"Ctrl"+"T"组合键对图像进行变换操作，但此操作将对矢量蒙版中的路径进行变换。

（3）删除矢量蒙版。

要删除矢量蒙版，可以执行下列操作方法之一：

- 选择要删除的矢量蒙版，单击"属性"面板底部的"删除蒙版"按钮。
- 执行"图层"→"矢量蒙版"→"删除"命令。
- 在要删除的矢量蒙版缩览图上单击右键，在弹出的快捷菜单中选择"删除矢量蒙版"命令。
- 如果要删除矢量蒙版中的某一条或者某几条路径，可以使用工具箱中的路径选择工具，将路径选中，然后按"Delete"键。

### 3. 矢量蒙版与文字图层之间的关系

在 Photoshop 中可以将文字图层转化为形状图层，从而获得一个具有文字外形的矢量蒙版图层。要将文字图层转化为形状图层，可以执行下面的操作之一，将文字图层转化为形状图层。

（1）选择一个文字图层，选择"类型"→"转换为形状"命令即可；

（2）选择要转换的文字图层，右键单击图层名称，在弹出的快捷菜单中选择"转换为形状"命令。然后，可以对该图层按照编辑路径的方式进行修改。

# 实训任务三　文字视觉海报

任务清单6-3　文字视觉海报制作涉及的基本操作

| 项目名称 | 任务清单内容 |
| --- | --- |
| 任务情境 | 将平面的文字通过变换使其成为立体文字，并利用钢笔工具和用画笔描边路径命令的搭配绘制水藤。 |
| 任务目标 | （1）掌握文字工具的使用方法；<br>（2）掌握渐变工具的操作方法；<br>（3）具备运用画笔工具编辑蒙版的能力；<br>（4）能结合路径及用画笔描边路径功能制作线条图像。 |
| 任务要求 | 请根据任务情境，通过知识点学习，完成以下任务：<br>（1）制作立体文字；<br>（2）利用蒙版处理图像。 |
| 任务思考 | （1）如何制作渐变背景？渐变的类型对渐变效果的影响是什么？<br>（2）智能图层有什么作用？<br>（3）画笔有哪些应用？ |
| 任务实施 | （1）执行"文件"→"新建"命令，打开"新建"对话框，设置名称为"文字视觉海报"，宽度为800像素，高度为600像素，分辨率为每英寸72像素，颜色模式为RGB，单击"确定"按钮新建图像文档，如图6-54所示。 |

续表

| 项目名称 | 任务清单内容 |
|---|---|
| 任务实施 | （2）选择渐变工具，在工具选项栏中单击"线性渐变"按钮，然后单击渐变色条打开"渐变编辑器"对话框，单击"渐变编辑器"对话框中"预设"设置区右侧的按钮，在弹出的快捷菜单中选择"金属"选项，然后再在弹出的提示对话框中单击"确定"按钮替换当前的渐变预设，在预设列表框中选择最后一个"钢青色"渐变，将第2个色标和第5个色标的颜色设置为RGB（8，21，75），单击"确定"按钮完成渐变设置，如图6-55所示。将鼠标指针移至图像左上角单击，并向图像右下角拖动鼠标指针，释放鼠标绘制渐变背景。<br>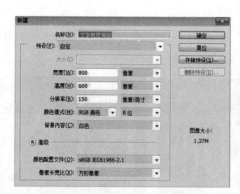<br>图6-54　新建图像文档　　　　图6-55　"渐变编辑器"对话框<br>（3）设置前景色为白色，选择横排文字工具，并在其工具选项条上设置适当的字体和字号，如图6-56所示，在画布的中间输入文字，得到相应的文字图层"LUXURY"，如图6-57所示。<br>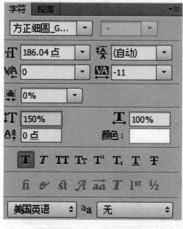 <br>图6-56　文字设置　　　　　　图6-57　文字图层 |

续表

| 项目名称 | 任务清单内容 | |
| --- | --- | --- |
| 任务实施 | （4）按"Ctrl"+"T"组合键调出自由变换控制框，按住"Shift"键等比例放大图像，直至得到如图6-58所示的效果，然后按"Enter"键确认变换操作。<br><br>（5）在"LUXURY"文字图层的名称上单击右键，在弹出的快捷菜单中选择"栅格化文字"命令，将文字图层转化为普通图层，按"Ctrl"+"T"组合键自由变换控制框，单击右键，在弹出的快捷菜单中选择"透视"命令，调整文字透视效果如图6-59所示。<br><br>（6）按住"Ctrl"键单击"LUXURY"图层的缩览图以载入选区，选择移动工具，按住"Alt"键，然后按"→"键9次得到如图6-60所示的选区效果，按"Ctrl"+"J"组合键执行"通过拷贝的图层"命令得到"图层1"，如图6-61所示。<br><br><br>图6-58 自由变换<br><br><br>图6-59 文字透视效果　　图6-60 按"→"键9次得到的选区效果<br><br>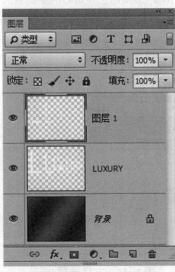<br>图6-61 执行"通过拷贝的图层"命令得到"图层1" | |

续表

| 项目名称 | 任务清单内容 |
|---|---|
| 任务实施 | (7) 选择图层"LUXURY"为当前操作状态,单击"创建新的填充或调整图层"按钮 ![icon], 在弹出的菜单中,选择"渐变"命令,在弹出的"渐变填充"对话框中设置参数, 如图6-62(a)所示,按"Ctrl"+"Alt"+"G"组合键执行创建剪贴蒙版操作,得到如图6-62(c)所示的渐变效果。<br><br>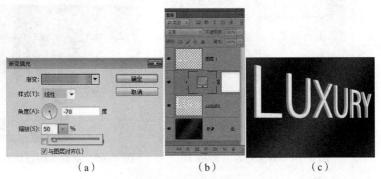<br>图 6-62 渐变完成效果<br>(a)"渐变填充"对话框;(b)创建剪贴蒙版;(c)渐变效果<br><br>(8) 选择"图层1"为当前操作状态,分别为该图层添加图层样式"投影"与"渐变叠加",参数设置如图6-63所示。<br><br>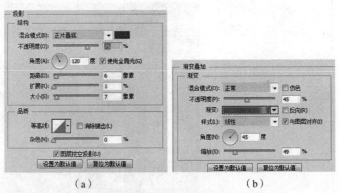<br>图 6-63 添加图层样式<br>(a)"投影"图层样式;(b)"渐变叠加"图层样式<br><br>(9) 选择"图层1"为当前操作状态,按住"Ctrl"键单击"渐变填充1"和"LUXURY"图层名称,将这些图层全部选中,在被选中的任一个图层名称上右键单击,在弹出的快捷菜单中选择"转化为智能对象"命令,将得到的智能对象命名为"图层1",如图6-64所示。<br><br>(10) 单击"添加图层蒙版"按钮 ![icon], 为"图层1"添加蒙版,按"D"键将前景色和背景色的颜色恢复为默认的黑色和白色,选择线性渐变工具,并设置渐变的类型为"从前景色到背景色",从画布的右侧向中间绘制渐变得到如图6-65所示的效果。 |

续表

| 项目名称 | 任务清单内容 |
|---|---|
| 任务实施 |    图 6-64　智能对象"图层 1"　　图 6-65　从画布的右侧向中间绘制渐变的效果<br><br>（11）复制两次"图层 1"分别得到"图层 1 拷贝"和"图层 1 拷贝 2"，得到如图 6-66 所示的效果，复制"图层 1 拷贝 2"得到"图层 1 拷贝 3"，选择其图层蒙版为当前操作状态，按"Ctrl"+"I"组合键执行图层蒙版反相操作，得到如图 6-66 所示的效果。<br><br>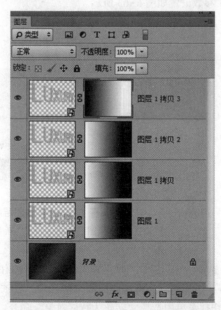<br>图 6-66　反相图层蒙版的效果<br><br>（12）选择"图层 1 拷贝 3"图层缩览图，选择"滤镜"→"模糊"→"高斯模糊"命令，在弹出的对话框中设置"半径"数值为 3，为了使模糊后的图像的透明度再加强一些，复制"图层 1 拷贝 3"得到"图层 1 拷贝 4"，此时对应的"图层"面板如图 6-67 所示。 |

续表

| 项目名称 | 任务清单内容 |
|---|---|
| 任务实施 | （13）选中除了"背景"图层以外的所有图层，按"Ctrl"+"Alt"+"E"组合键执行盖印操作，将得到的图层命名为"图层2"，复制"图层2"得到"图层2拷贝"，如图6-68所示。<br>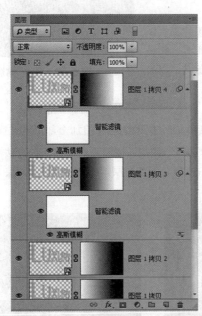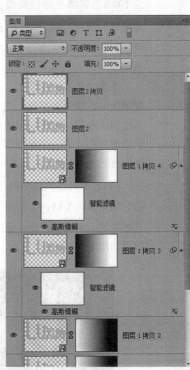<br>图6-67　复制"图层1拷贝3"得到　　　图6-68　复制"图层2"得到<br>　　　"图层1拷贝4"的"图层"面板　　　　　　　　"图层2拷贝"<br><br>（14）选择"图层2"，按"Ctrl"+"T"组合键调出自由变换控制框，在变换控制框中右击，在弹出的快捷菜单中选择"垂直翻转"命令，并移至文字的下方位置，按"Enter"键确认变换操作，如图6-69所示。<br><br>（15）在所有图层上方新建图层2，选择钢笔工具，并在其工具选项栏中选择路径绘制模式，在字母L上绘制一条如图6-70所示的路径。<br><br>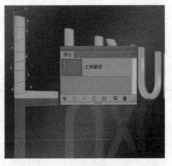<br>　　图6-69　垂直翻转变换　　　　　　　图6-70　绘制路径 |

续表

| 项目名称 | 任务清单内容 |
| --- | --- |
| 任务实施 | 新建一个"图层2",设置前景色为白色,选择画笔工具,设置画笔大小为5px,硬度为100%,切换至路径面板,单击"用画笔描边路径"按钮,然后单击"路径"面板中的空白区域,隐藏路径得到如图6-71所示的效果。 <br>单击"添加图层蒙版"按钮,设置图层添加蒙版的前景色为黑色,选择画笔工具,并设置适当的参数,在图层蒙版中进行涂抹,以涂抹出缠绕的效果。按照同样的步骤,完成字母U的缠绕效果,如图6-72所示。<br>图6-71 画笔描边路径<br>(16) 单击工具箱中的"自定义形状"工具按钮,追加全部形状,选择 形状:,设置填充颜色为绿色。创建"形状图层1"图层,按照步骤(15)的方法添加图层蒙版,选择画笔工具编辑蒙版,完成效果。复制"形状图层1"得到"形状图层1拷贝",完成效果如图6-73所示。 <br>图6-72 字母L和U的缠绕效果 　　图6-73 完成效果 |
| 任务总结 | |
| 实施人员 | |
| 任务点评 | |

## 6.3.1　文字工具

Photoshop 的文字工具内含 4 个工具，它们分别是"横排文字工具""直排文字工具""横排文字蒙版工具""直排文字蒙版工具"，如图 6-74 所示。这个工具的快捷键是字母"T"。

其中，"横排文字工具"和"直排文字工具"用于创建点文字、段落文字和路径文字，"横排文字蒙版工具"和"直排文字蒙版工具"用于创建文字形状的选区。

选择"横排文字工具"，其文字工具属性栏如图 6-75 所示，在该属性栏中可以设置文字的字体、字号及颜色等。

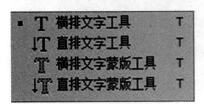

图 6-74　文字工具

图 6-75　"文字工具"属性栏

其中各选项说明如下：

**切换文本取向按钮** ：可以将输入好的文字在水平方向和垂直方向间切换。

**设置字体系列** ：单击下拉按钮可以进行文字字体的选择。

**设置字体大小** ：单击下拉列表按钮，可以选择文字字体大小，也可以直接输入数字。

**设置消除锯齿的方式** ：用来设置是否消除文字的锯齿边缘，以及用什么样的方式消除文字的锯齿边缘。

**设置文本对齐按钮** ：用来设置文字的对齐方式。

**设置文本颜色按钮** ：单击即可调出"拾色器（文本颜色）"对话框，用来设置文字的颜色。

**创建文字变形按钮** ：单击即可弹出"变形文字"对话框。

**切换字符和"段落"面板按钮** ：单击即可隐藏或显示字符和"段落"面板。

### 1. 横排文字工具、直排文字工具

输入点文本和段落文本的操作方法如下：

（1）输入点文本。

选择文字工具，在图像上欲输入文字处单击，出现一个闪烁的光标，此时，进入文本编辑状态，如图 6-76 所示。

在窗口中输入所需文字，单击选项栏上的"提交当前所有编辑"按钮 或者按"Ctrl"+"Enter"组合键，完成文字的输入。输入的文字将在"图层"面板生成一个新的文字图层，如图 6-77 所示。

图 6-76 文本编辑状态

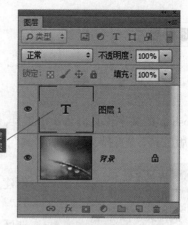

图 6-77 文字图层

(2) 输入段落文本。

选择"横排文字工具",在选项栏中设置各项参数后,在画布上按住鼠标左键并拖动将创建一个定界框,其中会出现一个闪烁的光标,在定界框内输入文字,然后按"Ctrl"+"Enter"组合键完成段落文本的创建。

### 2. 横排文字蒙版工具、直排文字蒙版工具

选择"横排文字蒙版工具",在图像上欲输入文字处单击,出现闪烁的光标,画布被覆盖上半透明的红色,如图 6-78 所示。

输入所需文字,与文字工具不同的是,文字蒙版工具得到的是具有文字外形的选区,不具有文字的属性,也不会像文字工具生成一个独立的文字图层。

### 3. 设置文字的属性

当完成文字的输入后,如果发现文字的属性与整体效果不太符合,就需要对文字的相关属性进行细节上的调整,在 Photoshop 中提供了专门的"字符"面板和"段落"面板,用于设置文字及段落的属性。

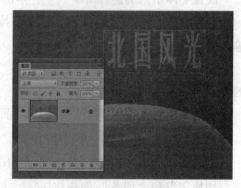

图 6-78 文字蒙版

(1) "字符"面板。

设置文字的属性,主要是在"字符"面板中进行。执行"窗口"→"字符"命令或在文字编辑状态下按"Ctrl"+"T"组合键可弹出"字符"面板,其中主要选项说明如下:

设置行距 ![icon]:行距指文本中各个文字行之间的垂直间距,同一段落的行与行之间可以设置不同的行距。

字距微调 ![icon]:用来设置两个字符之间的间距。在两个字符间单击,可调整参数。

间距微调 ![icon]:选择部分字符时,可调整所选字符间距;没有选择字符时,可调整所有字符间距。

字符比例间距：用于设置所选字符的比例间距。

水平缩放/垂直缩放：水平缩放用于调整字符的宽度，垂直缩放用于调整字符的高度。这两个百分比相同时，可进行等比缩放。

基线偏移：用于控制文字与基线的距离，可以升高或降低所选文字。

特殊字体样式：用于创建仿粗体、斜体等文字样式，以及为字符添加上下划线、删除线等文字效果。

（2）"段落"面板。

"段落"面板用于设置段落属性。执行"窗口"→"段落"命令，即可弹出"段落"面板。

其中，主要选项说明如下：

左缩进：横排文字从段落的左边缩进，直排文字从段落的顶端缩进。

右缩进：横排文字从段落的右边缩进，直排文字从段落的底部缩进。

首行缩进：用于缩进段落中的首行文字。

## 6.3.2 渐变工具

利用渐变工具可以为图像填充逐渐过渡的颜色效果，还可以产生透明的渐变效果。单击工具箱中的"渐变工具"按钮，其属性栏如图 6-79 所示。

**图 6-79 "渐变工具"属性栏**

单击■右侧的三角形按钮，可弹出渐变样式下拉列表，该样式列表框中只包含了几种默认的渐变颜色样式，如果需要其他渐变样式，用户可以单击该列表框右侧的 ❀ 按钮，在弹出的下拉菜单中添加所需的渐变颜色样式，如图 6-80 所示。

单击■色块，可弹出"渐变编辑器"对话框，如图 6-81 所示。在该对话框中用户可以根据需要自己修改、编辑或创建新的渐变颜色样式。

"渐变编辑器"对话框中的参数设置如下：

在"预设"选项区中显示了默认的渐变颜色样式，可以选择其中的一种渐变为基础，进行编辑修改。设置完成后，单击"新建"按钮，即可创建新的渐变样式，并显示在预设选项区中。

渐变类型：在该下拉列表中可以选择渐变的类型，包括"实底"和"杂色"两种。

平滑度：在该文本框中输入数值，可以设置渐变效果的平滑

**图 6-80 渐变颜色样式**

程度。数值越大,渐变越平滑细腻。

渐变控制条上面的色标显示了渐变的不透明度,白色图标表示完全透明,黑色图标表示完全不透明。在色标控制条上面单击,可以给渐变添加不透明度色标。**渐变控制条下面的色标显示了渐变的编辑颜色。在色标控制条下面单击,可以添加渐变所需颜色。**

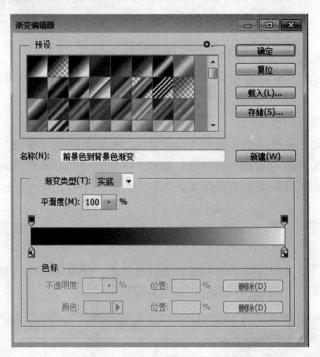

图 6-81 "渐变编辑器"对话框

:在该组按钮中可以选择渐变的类型,包括线性渐变、径向渐变、**角度渐变、对称渐变和菱形渐变** 5 种。

模式:在该下拉列表中可以选择渐变色彩的混合模式。

不透明度:在该文本框中输入数值,可以设置渐变的不透明度。

选中"反向"复选框,可将当前渐变色向相反的方向进行填充。

选中"仿色"复选框,用递色法来表现中间色调,使渐变效果变得更加平滑。

### 6.3.3 智能对象图层

在使用 Photoshop 过程中可能会发现一个问题,处理一个多图层的图像时,先把其中一个图层中的图像缩小,确定以后,再把它放大,但它不能恢复到以前的效果,因为当把图像缩小时,图像的分辨率已经降低了,再放大就有马赛克了。智能对象图层就能解决这一点,智能对象图层可以把智能对象任意地放大与缩小 N 次,它的分辨率不会有损失,但是也不可能将图像放大到超过最原始的大小,那样也会有马赛克出来。简单来说,智能对象是包含栅格或矢量图像中的图像数据的图层。智能对象将保留图像的源内容及其所有原始特性,从而能够对图层执行非破坏性编辑。

1. 创建智能对象图层

创建智能对象可以有多种操作方法，根据需要选择最适合的方法。

（1）选择一个或多个图层后，在其中任一个图层名称上单击右键，在弹出的快捷菜单中选择"转化为智能对象"命令。

（2）选择"文件"→"置入"命令，在弹出的对话框中选择一个矢量格式、PSD 格式或其他格式的图像文件。

（3）在 Illustrator 中对矢量对象执行复制操作，到 Photoshop 中执行粘贴操作。

（4）直接将一个 PDF 文件或 AI 软件中的图层拖到 Photoshop 文件中。

（5）选择"文件"→"打开为智能对象"命令，在弹出的对话框中打开一个矢量、位图等格式的文件，即可自动创建一个智能对象的图层。该图层中包括了全部所打开的文件中的内容。

（6）从外部直接拖入到当前图像的窗口内即可将其以智能对象的形式置入到当前图像中。

2. 智能对象图层的特点

（1）执行非破坏性变换。可以对图层进行缩放、旋转、斜切、扭曲、透视变换或使图层变形，而不会丢失原始图像数据或降低品质，因为变换不会影响原始数据。

（2）处理矢量数据（如 Illustrator 中的矢量图形），若不使用智能对象，这些数据在 Photoshop 中将进行栅格化。

（3）非破坏性应用滤镜。可以随时编辑应用于智能对象的滤镜。

（4）编辑一个智能对象并自动更新其所有的链接实例。

（5）应用与智能对象图层链接或未链接的图层蒙版。

虽然智能对象图层有很多优势，但是无法对智能对象图层直接执行会改变像素数据的操作（如绘画、减淡、加深或仿制），除非先将该图层转换成常规图层（进行栅格化）。要执行会改变像素数据的操作，可以编辑智能对象的内容，在智能对象图层的上方仿制一个新图层，编辑智能对象的副本或创建新图层。当变换已应用智能滤镜的智能对象时，Photoshop 会在执行变换时关闭滤镜效果。变换完成后，将重新应用滤镜效果。

3. 智能对象的复制

要复制智能对象，在"图层"面板中，选择智能对象图层，然后执行下列操作之一：

要创建链接到原始智能对象的重复智能对象，请选择"图层"→"新建"→"通过拷贝的图层"命令，或将智能对象图层拖动到"图层"面板底部的"创建新图层"图标。对原始智能对象所做的编辑会影响副本，而对副本所做的编辑同样也会影响原始智能对象。

要创建未链接到原始智能对象的重复智能对象，请选择"图层"→"智能对象"→"通过拷贝新建智能对象"命令。对原始智能对象所做的编辑不会影响副本。一个名称与原始智能对象相同并带有"副本"后缀的新智能对象会出现在"图层"面板上。

4. 编辑智能对象的内容

当编辑智能对象时，源内容将在 Photoshop（如果内容为栅格数据或相机原始数据文件）

或 Illustrator（如果内容为矢量 PDP）中打开。当存储对源内容所做的更改时，Photoshop 文档中所有链接的智能对象实例中都会显示所做的编辑。

（1）从"图层"面板中选择智能对象，然后执行下列操作之一：
- 选择"图层"→"智能对象"→"编辑内容"命令。
- 双击"图层"面板中的智能对象缩览图。

（2）单击"确定"按钮关闭该对话框。
（3）对源内容文件进行编辑，然后选择"文件"→"存储"命令。
Photoshop 会更新智能对象以反映所做的更改。

### 5. 替换智能对象的内容

可以替换一个智能对象或多个链接实例中的图像数据。此功能能够快速更新可视设计或将分辨率较低的占位符图像替换为最终版本。

注：当替换智能对象时，将保留对第一个智能对象应用的任何缩放、变形或效果。

（1）选择智能对象，然后选择"图层"→"智能对象"→"替换内容"命令。
（2）导航到要使用的文件，然后单击"置入"命令。
（3）单击"确定"按钮。

新内容即会置入智能对象中，链接的智能对象也会被更新。

## 6.3.4 填充图层

填充图层类似于调整图层，属于参数化的图层，具有灵活的可编辑性，根据图层中所装载的内容不同，填充图层分为"纯色""渐变""图案"类，如图 6-82 所示。

由于填充图层也是图层的一类，因此也可以通过改变图层的混合模式、不透明度，编辑图层蒙版或将其应用于剪贴蒙版等操作，获得不同的图像效果。

单击"图层"面板底部的"创建新的填充或调整图层"按钮 ，在弹出的菜单中选择一种填充类型，设置弹出的对话框，即可在目标图层之上创建一个填充图层。

（1）创建"纯色"填充图层。

单击"图层"面板底部"创建新的填充或调整图层"按钮 后，在弹出的菜单中选择"纯色"命令，然后在弹出的"拾色器（纯色）"对话框中选择一种填充颜色，即可创建颜色填充图层，如图 6-83 所示。此填充图层的特点是，当需要修改其填充颜色时，只需要双击其图层缩览图，在弹出的"拾色器（纯色）"对话框中选择一个新的颜色即可，从而便于对颜色进行修改。

图 6-82 填充图层

（2）单击"图层"面板底部"创建新的填充或调整图层"按钮 后，在弹出的菜单中选择"渐变"命令，弹出如图 6-84 所示的"渐变填充"对话框，在"渐变填充"对话框中选择一种渐变，并设置适当的角度及缩放等数值，然后单击"确定"按钮退出对话框，即可得到渐变填充图层。如图 6-85 所示为添加了"渐变填充 1"图层并设置适当的图层属性后得到的效果及对应的"图层"面板。创建渐变填充图层的好处在于修改其渐变样式的便捷性，编辑时只需要双击其图层缩览图，即可再次调出"渐变填充"对话框，然后修改其参数即可。

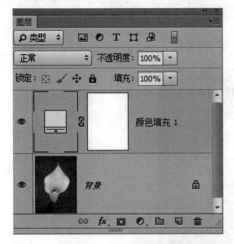

图 6-83　颜色填充图层

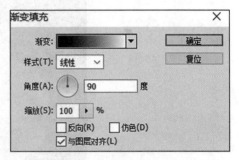

图 6-84　"渐变填充"对话框

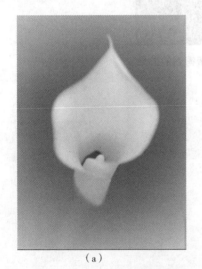

(a)

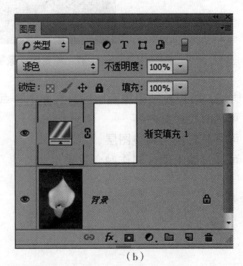

(b)

图 6-85　渐变填充添加效果及添加渐变填充的"图层"面板
(a) 渐变填充添加效果；(b) 添加渐变填充的"图层"面板

(3) 单击"图层"面板底部"创建新的填充或调整图层"按钮 后，在弹出的菜单中选择"图案"命令，弹出如图 6-86 所示的"图案填充"对话框，确认完成图案选择及参数设置等操作后，单击"确定"按钮，即可在目标图层上方创建图案填充图层。

为以此图案创建图案填充图层后，编辑图层蒙版得到的效果如图 6-87 所示。

若要修改图案填充图层的参数，双击其图层缩览图，调出"图案填充"对话框，修改完毕后单击"确定"按钮退出对话框即可。

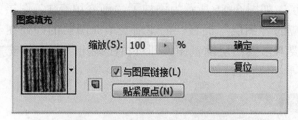

图 6-86 "图案填充"对话框

图 6-87 编辑图层蒙版得到的效果

综上所述,可以总结出填充图层具有如下特点:
(1) 可随时更换其内容。
(2) 可将其转换为调整图层。
(3) 可通过编辑蒙版制作融合效果。

## 学习笔记

## 学习情境三

# 网页设计与制作

# 项目七 图标制作

## 知识目标

- 掌握用户界面设计的基础知识
- 熟悉图层样式的参数设置
- 熟练掌握图层样式的编辑
- 熟练掌握形状图层的使用方法
- 掌握钢笔工具的使用方法
- 掌握剪贴蒙版的操作方法

## 技能目标

- 能够熟练运用图层样式进行图标设计、制作
- 能够熟练运用形状工具和钢笔工具绘制图形
- 能够熟练运用剪贴蒙版

## 素质目标

- 培养学生依据任务需求进行图标设计的基本素质
- 培养学生运用图层样式进行图标制作的基本能力
- 培养学生对形状工具和钢笔工具的运用能力

# 实训任务一　金属边框按钮制作

任务清单 7-1　金属边框按钮制作涉及的基本操作

| 项目名称 | 任务清单内容 |
| --- | --- |
| 任务情境 | 在界面中图标按钮的制作也是十分重要的，图标按钮是界面中不可或缺的重要元素。下面讲解在界面中图标按钮的制作方法。 |
| 任务目标 | （1）掌握图层样式的编辑操作；<br>（2）熟悉图层样式的设置与修改。 |
| 任务要求 | 请根据任务情境，通过知识点学习，完成以下任务：<br>（1）为图层添加图层样式；<br>（2）通过图层样式的设置实现质感图标的制作。 |
| 任务思考 | （1）图层样式是什么？<br>（2）如何添加图层样式？<br>（3）编辑图层样式的方法有哪些？ |
| 任务实施 | （1）新建文件，在工具箱中将前景色设置为白色，背景色设置为蓝色（R16、G114、B184），选择渐变工具，径向填充背景图层，如图 7-1 所示。<br>（2）使用形状工具，设置填充色为白色，描边为无，按住"Shift"键绘制正圆，效果如图 7-2 所示。 <br><br>图 7-1　径向渐变填充背景图层 　　　　图 7-2　绘制正圆<br><br>（3）选中"椭圆 1"形状图层，单击"图层"面板的 fx 按钮，为图层添加"斜面和浮雕"和"投影"图层样式，在弹出的"图层样式"对话框中，设置参数如图 7-3 和图 7-4 所示，单击"确定"按钮，得到图像效果如图 7-5 所示。 |

续表

| 项目名称 | 任务清单内容 |
|---|---|
| 任务实施 | 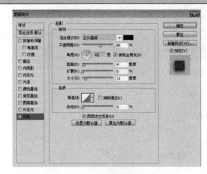 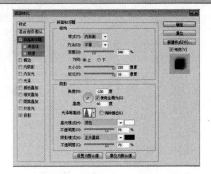<br>图7-3 "斜面和浮雕"图层样式　　　图7-4 "投影"图层样式<br><br>（4）使用"Ctrl"+"J"组合键复制"椭圆1"形状图层，得到"椭圆1拷贝"图层，设置此图层的填充颜色为RGB（248，181，81），然后使用自由变换命令，按住"Alt"+"Shift"组合键，中心不变，等比缩放宽度和高度为70%，完成图层的收缩效果，如图7-6所示。<br><br> <br>图7-5　图像效果　　　　　　　图7-6　图层的收缩效果<br><br>（5）为"椭圆1拷贝"形状图层添加"内阴影""斜面和浮雕""外发光"3种图层样式，在弹出的"图层样式"对话框中，设置参数如图7-7所示，然后单击"确定"按钮。<br>（6）选择"椭圆选框工具"，绘制选区，新建"图层1"，设置前景色为白色，选择渐变工具，在其工具栏中选择由"前景色到透明"的渐变，在图像中填充线性渐变，然后按"Ctrl"+"D"组合键取消选区，使用"Ctrl"+"T"组合键进行变换，变换完成后按"Enter"键确认，将"图层1"的图层不透明度改为20%，得到效果图如图7-8所示。<br>（7）新建"图层2"，使用选区运算得到月牙形选区，设置前景色为白色，选择渐变工具，在其工具栏中选择由"前景色到透明"的渐变，在图像中填充线性渐变，然后按"Ctrl"+"D"组合键取消选区，将"图层2"的图层不透明度改为20%，得到效果图如图7-9所示。<br>（8）新建"图层3"，选择"椭圆选框工具"，在图像中绘制椭圆选区，设置前景色为白色，按"Alt"+"Delete"组合键填充，然后取消选区，使用"Ctrl"+"T"组合键进行变换。将"图层3"的图层不透明度改为60%，完成效果图如图7-10所示。 |

| 项目名称 | 任务清单内容 |
|---|---|
| 任务实施 | 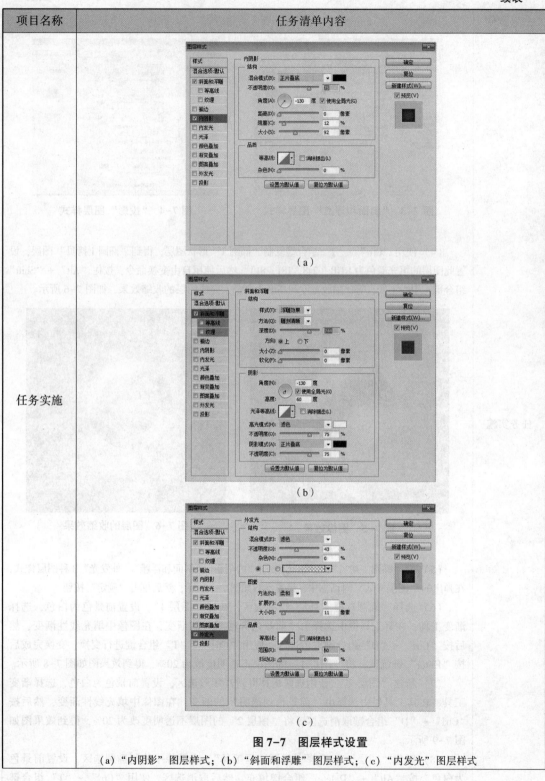<br>（a）<br><br>（b）<br><br>（c）<br><br>图 7-7 图层样式设置<br>（a）"内阴影"图层样式；（b）"斜面和浮雕"图层样式；（c）"内发光"图层样式 |

续表

| 项目名称 | 任务清单内容 |
|---|---|
| 任务实施 |  图 7-8　线性渐变填充效果 　　图 7-9　月牙选区线性渐变填充效果 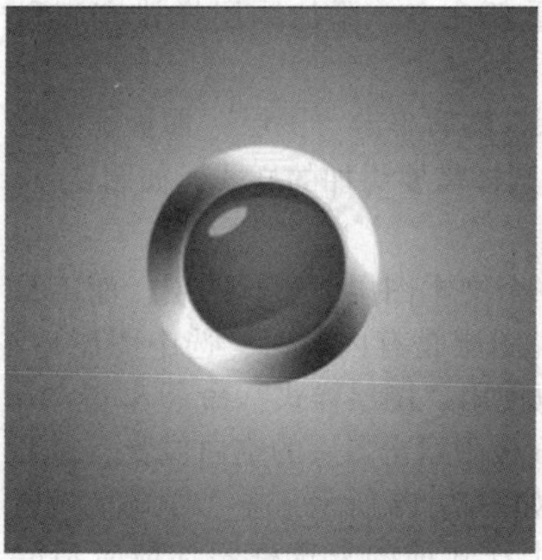<br><br>图 7-10　完成效果图 |
| 任务总结 | |
| 实施人员 | |
| 任务点评 | |

## 知识要点

### 7.1.1 图层样式

图层样式是 Photoshop 中制作图像效果的重要方法之一，图层样式也叫图层效果。很多作品的视觉效果都要借助于图层样式来实现。使用图层样式可以为图层对象添加投影、发光、浮雕、描边等效果，从而制作出具有玻璃质感、金属质感、纹理的图像效果。图层样式可以随时添加、修改、删除，具有很强的灵活性。

### 7.1.2 添加图层样式

图层样式可以运用在除背景图层以外的任意一个图层。如果要对背景图层使用图层样式，需要在背景图层上双击鼠标，对图层重新命名。添加图层样式有三种方法：

（1）首先选中图层，然后单击"图层"面板下方的"样式" fx. 按钮，然后选择需要添加的样式，如图 7-11 所示。

（2）当我们创建一个文本图层、形状图层，而不是空白的图层，也就是说图层是有内容时，选中图层后，在"图层"菜单中可以使用"图层样式"命令。

（3）在"图层"面板中双击图层的空白位置，打开"图层样式"对话框，如图 7-12 所示，在"样式"设置对话框中可以通过单击样式前的复选框添加或者清除样式。

添加图层样式后，图层右边可以看到 fx. 按钮，这个图标按钮就代表了这个图层已经添加了图层样式。

图 7-11 选择需要添加的样式

在"图层样式"对话框的左侧有 10 项效果可以选择，分别是斜面和浮雕、描边、内阴影、内发光、光泽、颜色叠加、渐变叠加、图案叠加、外发光和投影。

### 7.1.3 图层样式类型

**1. 斜面和浮雕**

"斜面和浮雕"样式是 Photoshop 图层样式中最复杂的，有内斜面、外斜面、浮雕、枕状浮雕和描边浮雕几种样式的选择，虽然都是从"结构"和"阴影"两部分进行详细设置，但是制作的效果截然不同。

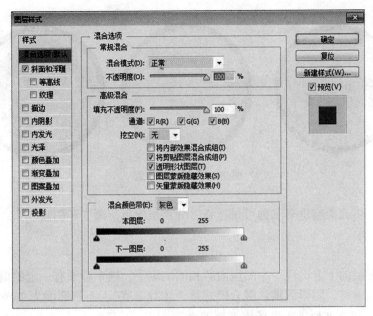

图 7-12 "图层样式"对话框

对"斜面和浮雕"设置面板的主要选项详解如下：

样式：样式包括外斜面、内斜面、浮雕、枕状浮雕和描边浮雕。

方法：这个选项可以设置平滑、雕刻清晰、雕刻柔和三种方式。其中"平滑"是默认值，选中这个值可以对斜角的边缘进行模糊，从而制作出边缘光滑的高台效果。

深度：用"深度"参数可以调整高台的截面梯形斜边的光滑程度。在"大小"值一定的情况下，不同的"深度"值产生不同的效果。

方向："方向"的设置值只有"上"和"下"两种，其效果和设置"角度"是一样的。在制作按钮的时候，"上"和"下"可以分别对应按钮的正常状态和按下状态，相对使用角度进行设置，使用这个选项进行设置更方便也更准确。

大小：用来设置高度，需要和"深度"配合使用。

柔化：一般用来对整体效果进行进一步的模糊，使对象的表面更加柔和，减少棱角感。

角度：用来设置光源所在的方向，可以在圆中拖动设置，也可以在旁边的编辑框中直接输入。

高度：用来设置光源照射的角度，"高度"值在 0°到 90°范围进行选择。

使用全局光："使用全局光"这个选项通常是选择的状态，表示所有的样式都受同一个光源的照射。但是如果需要制作多个光源照射的效果，可以清除这个选项。

## 2. 描边

"描边"样式直观简单，就是沿着图层中非透明部分的边缘进行描边，是图层样式在实际应用中比较常见的样式。

"描边"样式的主要选项包括：大小、位置、填充类型，不同的参数值会让描边产生不同的效果。

大小：用来设置描边的宽度，描边大小参数值越大描边越粗，反之则越细。

位置：用来设置描边的位置，可以使用的选项包括外部、内部和居中，注意看选区与描边的关系，如图 7-13 所示。

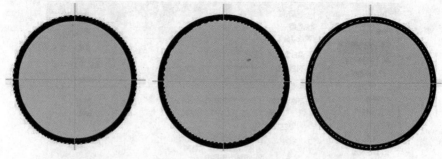

图 7-13 描边的位置

填充类型：填充类型也有三种可供选择，分别是颜色、渐变和图案。

3．投影

投影会使图层的下方出现一个图层内容相同的影子，这个影子有一定的偏移量，默认情况下会向右下角偏移。阴影的默认混合模式是"正片叠底"，不透明度为 75%。

对"投影"设置面板的主要选项详解如下：

混合模式：由于阴影的颜色一般都是偏暗的，因此这个值通常被设置为"正片叠底"，不必修改。混合模式右侧的颜色框可以对阴影的颜色进行设置。

不透明度：默认值是 75%，通常这个值不需要调整。值越大，阴影的颜色越深，反之，颜色越浅。

角度：用来设置阴影的方向，如果要进行微调，可以使用右边的编辑框直接输入角度。在圆圈中，指针指向光源的方向，显然，相反的方向就是阴影出现的地方。

距离：阴影与图层内容之间的偏移量。

扩展：这个选项用来设置阴影的大小，其值越小，阴影的边缘显得越模糊。反之，其值越大，阴影的边缘越清晰。

大小：这个值可以反映光源距离图层内容的距离，其值越大，阴影越大，表明光源距离图层的表面越近，反之阴影越小，表明光源距离图层的表面越远。这个"大小"选项需要和"扩展"选项配合使用。

等高线：用来对阴影部分进行进一步的设置，单击打开"等高线编辑器"对话框，通过设置参数可进行等高线的调整。

杂色：用来对阴影部分添加随机的透明点。

4．内阴影

添加了"内侧阴影"的图层上方好像多出了一个透明的层（黑色），混合模式是"正片叠底"，不透明度为 75%。内侧阴影的很多选项和投影是一样的，内阴影和投影的区别在于，前者是外部效果，而内阴影是内部的。

对"内阴影"设置面板的主要选项详解如下：

混合模式：默认设置是"正片叠底"，通常不需要修改。

颜色设置：用来设置阴影的颜色。

不透明度：默认值为75%，可根据需要修改。

角度：用来调整内侧阴影的方向，也就是和光源相反的方向，圆圈中的指针指向阴影的方向，其原理和"投影"是一样的。

距离：用来设置阴影在对象内部的偏移距离，这个值越大，光源的偏离程度越大，偏移方向由角度决定。在如下的效果中，上面一幅图的"距离"值设置较小，因此光源好像就在球体的正上方，而下面一幅图的"距离"值设置较大，光源则好像偏移到右下角去了。

阻塞：用来设置阴影边缘的渐变程度，单位是百分比，和"投影"效果类似，这个值的设置也是和"大小"相关的，如果"大小"设置较大，阻塞的效果就会比较明显。

### 5. 内发光

对"内发光"设置面板的主要选项详解如下：

混合模式：发光或者其他高光效果一般都用混合模式"变亮"来表现，内发光样式也不例外。混合模式默认设置为"变亮"。

不透明度："不透明度"是指虚拟图层的不透明度，默认值是75%。这个值设置越大，光线显得越强，反之光线显得越弱。

杂色：用来为光线部分添加随机的透明点，设置值越大，透明点越多，可以用来制作毛玻璃的效果。

颜色："颜色"设置部分的默认值是从一种颜色渐变到透明，单击左侧的颜色框可以选择其他颜色。

方法："方法"的选择值有两个，即"精确"和"较柔软"，"精确"可以使光线的穿透力更强一些，"较柔软"表现出的光线的穿透力则要弱一些。

源："源"的可选值包括"居中"和"边缘"，"边缘"表示光源在对象的内侧表面，这也是内发光效果的默认值。如果选择"居中"，则光源在对象的中心。

阻塞："阻塞"的设置值和"大小"的设置值相互作用，用来影响"大小"的范围内光线的渐变速度，比如在"大小"设置值相同的情况下，调整"阻塞"的值可以形成不同的效果。

大小：用来设置光线的照射范围，它需要与"阻塞"配合。如果"阻塞"值设置得非常小，即便将"大小"设置得很大，光线的效果也出不来，反之亦然。

等高线："等高线"选项可以为光线部分制作出光环效果。

### 6. 外发光

添加了外发光效果的图层，就好像下面多出了一个图层，这个虚拟图层的填充范围比上面实际图层略大，默认的混合模式为"滤色"，透明度为75%，从而产生图层的外侧边缘"发光"的效果。

由于默认混合模式是"滤色"，因此如果背景图层被设置为白色，那么不论你如何调整外侧发光的设置，效果都无法显示出来。要想在白色背景上看到外侧发光效果，必须将混合模式设置为"滤色"以外的其他模式。

对"外发光"设置面板的主要选项详解如下：

混合模式：默认的混合模式是"滤色"，上面说过，外发光层如同在图层的下面多出了一个图层，因此这里设置的混合模式将影响这个虚拟图层和在下面的层之间的混合关系。

不透明度：光芒一般不会是不透明的，因此这个选项要设置小于100%的值。光线越强（越刺眼），应当将其不透明度设置得越大。

杂色：用来为光芒部分添加随机的透明点。"杂色"的效果和将混合模式设置为"溶解"产生的效果有些类似，但是"溶解"模式不能微调，因此要制作细致的效果还是要使用"杂色"。

渐变和颜色：外侧发光的颜色设置稍微有一点特别，你可以通过单选框选择"单色"或者"渐变色"。即便选择"单色"，光芒的效果也是渐变的，不过是渐变至透明而已。

方法："方法"的设置值有两个，分别是"柔和"与"精确"，一般选择使用"柔和"，"精确"可以用于一些发光较强的对象，或者棱角分明反光效果比较明显的对象。

扩展：用来设置光芒中有颜色的区域和完全透明的区域之间的渐变速度。它的设置效果和颜色中的渐变设置以及下面的"大小"设置都有直接的关系，三个选项是相辅相成的。

大小：用来设置光芒的延伸范围，不过其最终的效果和颜色渐变的设置是相关的。

等高线："等高线"的使用方法和前面样式的等高线的介绍是一样的，在此不再赘述。

范围：用来设置等高线对光芒的作用范围，也就是说对等高线进行"缩放"，截取其中的一部分作用于光芒上。

抖动：用来为光芒添加随意的颜色点，为了使"抖动"的效果能够显示出来，光芒至少应该有两种颜色。

### 7. 光泽

"光泽"是指在图层的上方添加一个波浪形（或者绸缎）效果。我们可以将光泽效果理解为光线照射下反光度比较高的波浪形表面（比如水面）显示出来的效果。光泽效果和图层的内容直接相关，也就是说，图层的轮廓不同，添加光泽样式之后产生的效果完全不同（即便参数设置完全一样）。

混合模式：默认的设置值是"正片叠底"。

不透明度：设置值越大，光泽越明显，反之，光泽越暗淡。

颜色：用来修改光泽的颜色，由于默认的混合模式为"正片叠底"，修改颜色产生的效果一般不会很明显。不过如果我们将混合模式改为"正常"后，颜色的效果就很明显了。

角度：用来设置照射波浪形表面的光源方向。

距离：用来设置光环之间的距离。

大小：用来设置光环的宽度。

等高线：用来设置光环的数量。

总的来说，光泽效果无非就是两组光环的交叠，但是由于光环的数量、距离以及交叠设置的灵活性非常大，制作的效果可以相当复杂，这也是"光泽"样式经常被用来制作绸缎或者水波效果的原因。

### 8. 颜色叠加

这是一个很简单的样式，其作用实际就相当于为图层着色，也可以认为这个样式在图层的上方加了一个混合模式为"正常"、不透明度为 100% 的虚拟图层。注意，添加了样式后的颜色是图层原有颜色和虚拟图层颜色的混合，默认的混合模式是"正常"。

### 9. 渐变叠加

"渐变叠加"和"颜色叠加"的原理是完全一样的，只不过虚拟图层的颜色是渐变的而不是一块单一颜色。"渐变叠加"的选项中，混合模式以及不透明度和"颜色叠加"的设置方法完全一样，不再介绍。"渐变叠加"样式多出来的选项包括：渐变（Gradient）、样式（Style）、缩放（Scale），下面我们来一一讲解。

渐变：用来设置渐变色，单击下拉框可以打开"渐变编辑器"对话框，单击下拉框的下拉按钮可以在预设的渐变色中进行选择。在这个下拉框后面有一个"反色"复选框，用来对调渐变色的"起始颜色"和"终止颜色"。

样式：用来设置渐变的类型，包括线性、径向、对称、角度和菱形。如果选择了"角度"渐变类型，"与图层对齐"这个复选框就要特别注意，它的作用是确定极坐标系的原点，如果选中，原点在图层的内容的中心上，否则，原点将在整个图层的中心上。

缩放：用来截取渐变色的特定部分并作用于虚拟图层上，其值越大，所选取的渐变色的范围越小，否则范围越大。

### 10. 图案叠加

"图案叠加"样式的设置方法和前面在"斜面和浮雕"中介绍的"纹理"样式完全一样。

## 7.1.4　编辑图层样式

为图层添加样式后，我们可以继续根据效果的需要对图层样式进行编辑。具体包括以下几个方面。

### 1. 复制、清除图层样式

图层样式依附于图层，是附加在图层表面的外观效果，当我们需要的时候可以添加图层样式并进行调整，若不需要可以停用或清除图层样式。对原来已经应用的样式进行修改，只需要打开"图层样式"对话框，在对话框中取消或者修改设定的参数，重新调整，达到效果为止。如果要重复使用一个已经设置好的图层样式，可以在"图层"面板中按住"Alt"键拖动这个样式的图标然后将其释放到其他图层上。

### 2. 将图层样式创建为图层

图层样式是在图层内容的基础上附加在图层表面的效果，不可能单独存在。但是我们可以把之前添加的图层样式效果分离出来，使其每个效果都单独成为一个图层。操作方法是单击图层上右侧的 fx 图标按钮，右键单击"创建图层"按钮，那么图层样式的每一个效果都可以单独成层，并且每层都有默认的效果命名。

### 3. 缩放图层样式

对一个图层应用了多种图层样式时，"缩放效果"命令则更能发挥其独特的作用。由于"缩放效果"命令是对这些图层样式同时起作用，能够省去单独调整每一种图层样式的麻烦。

"缩放效果"命令隐藏在"图层"→"图层样式"子菜单中，位于"图层样式"菜单的底部，如图7-14所示。

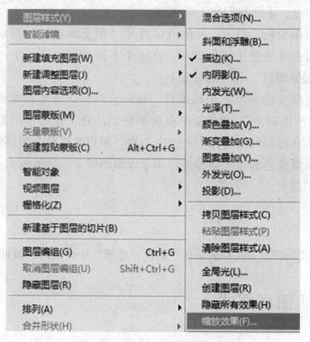

图7-14 "缩放效果"命令

### 4. 样式模板

通过"窗口"菜单，选择"样式"，打开"样式"模板，如图7-15所示。在此模板中可以选择载入样式新增样式，也可以选择已经编辑好的样式，单击模板下方的"创建新样式"按钮，可将其添加到"样式"模板中供后期使用。

图7-15 "样式"模板

# 实训任务二　APP 图标制作

## 任务清单 7-2　APP 图标制作涉及的基本操作

| 项目名称 | 任务清单内容 |
| --- | --- |
| 任务情境 | 在用户界面设计中，APP 图标的设计至关重要，常规的形状有圆形、圆角矩形。Photoshop 可以绘制简单的矢量图形，而且矢量图形还可以做加减、交叉运算。这样制作一些简单自定义形状就不用到矢量软件中去实现了。 |
| 任务目标 | （1）掌握形状工具的使用方法；<br>（2）能够使用形状工具快速绘制出特定的形状；<br>（3）掌握形状图层的运算。 |
| 任务要求 | 请根据任务情境，通过知识点学习，完成以下任务：<br>（1）能绘制图标的基本图形；<br>（2）通过图层样式的设置实现质感图标的制作。 |
| 任务思考 | （1）如何绘制圆角矩形？如何控制圆角的平滑程度？<br>（2）通过"属性"面板可以编辑形状的哪些内容？<br>（3）形状图层与普通图层的操作有何区别？ |
| 任务实施 | （1）执行"文件"→"新建"命令，在弹出的"新建"对话框中设置各项参数及选项，如图 7-16 所示。设置完成后单击"确定"按钮，新建空白图像文件。 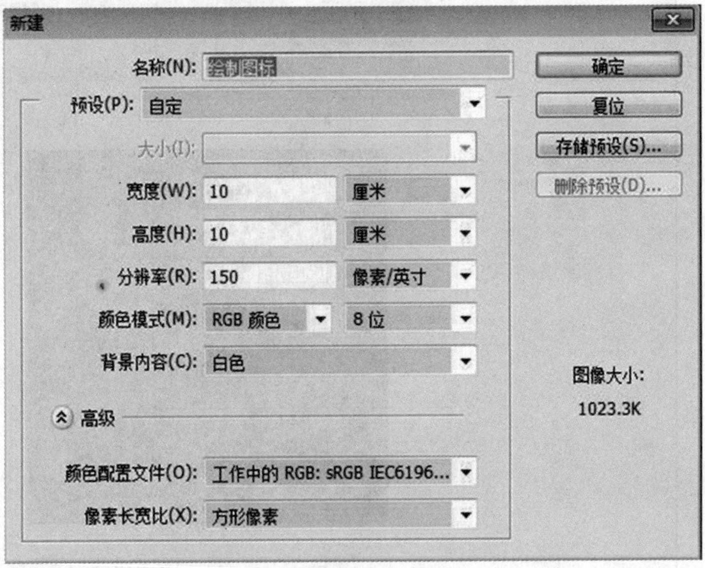<br><br>图 7-16　"新建"对话框 |

续表

| 项目名称 | 任务清单内容 |
| --- | --- |
| 任务实施 | (2) 设置前景色为蓝灰色（R70、G72、B82），按"Alt"+"Delete"组合键填充背景色为蓝灰色，如图7-17所示。<br><br>图7-17 填充背景色为蓝灰色<br><br>(3) 选择"背景"图层，按"Ctrl"+"J"组合键复制得到"图层1"，单击"添加图层样式"按钮，选择"内发光""渐变叠加"选项并设置参数，制作图案样式，如图7-18所示。<br>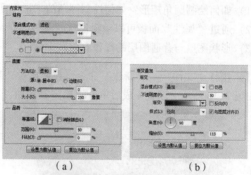<br>(a)　　　　　　　　　　(b)<br><br>(c)<br>图7-18 制作图案样式<br>(a)"内发光"图层样式设置参数；(b)"渐变叠加"图层样式设置参数；(c) 图案样式 |

续表

| 项目名称 | 任务清单内容 |
|---|---|
| 任务实施 | （4）使用圆角矩形工具，在其属性栏中设置其"填充"为深蓝色，"描边"为无。在画布中间绘制圆角矩形，如图7-19所示，得到"圆角矩形1"图层。<br>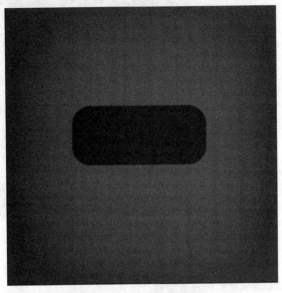<br>图7-19 绘制圆角矩形<br><br>（5）选择刚才绘制的"圆角矩形1"图层，单击"添加图层样式"按钮，选择"投影"选项并设置参数，如图7-20所示。<br>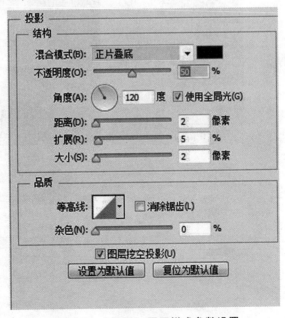<br>图7-20 "投影"图层样式参数设置<br><br>制作效果如图7-21所示。 |

| 项目名称 | 任务清单内容 |
|---|---|
| 任务实施 | 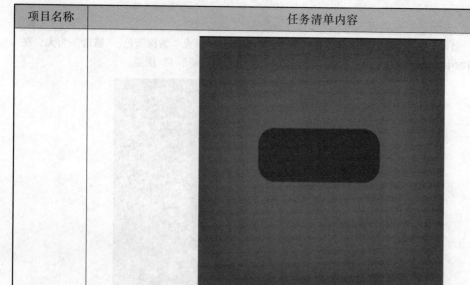<br>图 7-21　制作效果<br><br>（6）继续使用圆角矩形工具，在其属性栏中设置"填充"为白色，"描边"为无。结合其形状属性栏的设置绘制，得到"圆角矩形 2"，单击"添加图层样式"按钮，选择"描边""内阴影"选项并设置参数，制作圆角矩形图层样式效果如图 7-22 所示。<br>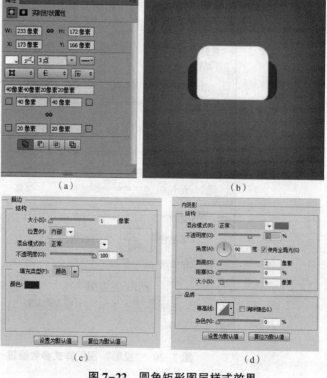<br>图 7-22　圆角矩形图层样式效果<br>（a）"形状"属性设置；（b）"圆角矩形 2"图层；（c）"描边"图层样式设置；（d）"内阴影"图层样式设置 |

续表

| 项目名称 | 任务清单内容 |
|---|---|
| 任务实施 | (7) 使用矩形工具 ▭，在其属性栏中设置其"填充"为淡蓝色，"描边"为无。拖动鼠标在画面上绘制一条矩形，得到"矩形 1"图层，使用移动工具，按住"Alt"+"Shift"组合键向下复制两条矩形。选择三个矩形图层进行垂直居中分布。使用"Ctrl"+"E"组合键进行图层合并。"图层"面板中设置其"填充"为 50%。制作出画面中图标的信纸样式，如图 7-23 所示。<br>(8) 使用圆角矩形工具，在其属性栏中设置其"填充"为淡蓝色，"描边"为无。结合钢笔工具，在其属性栏中设置其属性为"形状"，并结合其"形状"属性栏的设置绘制，在其属性栏中选择其需要的形状。绘制出信纸下方的形状。得到信封样式，如图 7-24 所示。至此，本实例制作完成。 <br><br>图 7-23　图标的信纸样式 　　　　图 7-24　信封样式 |
| 任务总结 | |
| 实施人员 | |
| 任务点评 | |

## 7.2.1 形状图层

形状图层是使用工具箱中的形状工具组或钢笔工具绘制图形后而自动创建的图层。形状图层包含定义形状颜色的填充图层和定义形状轮廓的链接矢量蒙版。使用形状工具组可以在画布中绘制矩形、圆角矩形等一些规则的图形，也可以通过自定义形状绘制特殊的图形形状。形状图层与普通图层的区别在于形状图层带有矢量特性，即具有任意缩放不影响清晰度的特点。形状图层对象带有可二次编辑属性的功能，方便修改。

## 7.2.2 创建形状图层

选择形状工具，在图像中使用鼠标拖动，就在"图层"面板自动创建了一个形状图层，可以在"属性"面板中完成形状图层中图像颜色的更改和描边样式的设置以及形状的运算高级操作，如图 7-25 所示。

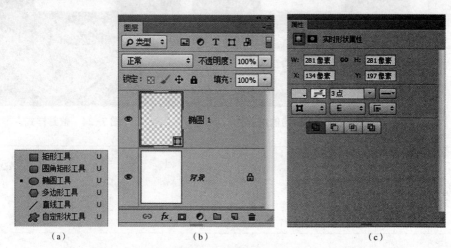

图 7-25 创建形状图层
（a）形状工具组；（b）形状图层；（c）形状图层"属性"面板

形状工具组中预先定义了一些规则的几何形状，也包括了一些不规则的形状，形状工具的三种绘制模式是"形状""路径""像素"，根据需要选择对应的模式。默认绘制模式是"形状"，得到的轮廓是路径，如图 7-26 所示。

图 7-26 绘制模式

1. 形状工具选项

箭头的起点和终点：用来向直线中添加箭头。选择直线工具，然后选择"起点"，即可在直线的起点添加一个箭头；选择"终点"即可在直线的末尾添加一个箭头。选择这两个选项可在两端添加箭头。"形状"选项将出现在弹出式对话框中。输入箭头的"宽度"值和"长度"值，以直线宽度的百分比指定箭头的比例（"宽度"值从10%~1 000%，"长度"值从10%~5 000%）。输入箭头的凹度值（从-50%~50%）。凹度值定义箭头最宽处（箭头和直线在此相接）的曲率。

圆：将椭圆约束为圆。

定义的比例：基于创建自定形状时所使用的比例对自定形状进行渲染。

定义的大小：基于创建自定形状时的大小对自定形状进行渲染。

固定大小：根据用户在"宽度"和"高度"文本框中输入的值，将圆或自定形状渲染为固定形状。

从中心：从中心开始渲染矩形、圆角矩形、椭圆或自定形状。

缩进边：将多边形渲染为星形。在文本框中输入百分比，指定星形半径中被点占据的部分。如果设置50%，则所创建的点占据星形半径总长度的一半；如果设置大于500%，则创建的点更尖、更稀疏；如果小于50%，则创建更圆的点。

比例：根据用户在"宽度"和"高度"文本框中输入的值，将矩形、圆角矩形或椭圆渲染为成比例的形状。

半径：对于圆角矩形，指定圆角半径。对于多边形，指定多边形中心与外部点之间的距离。

边：指定多边形的边数。

平滑拐角或平滑缩进：用平滑拐角或缩进渲染多边形。

对齐像素：将矩形或圆角矩形的边缘对齐像素边界。

正方形：将矩形或圆角矩形约束为方形。

不受约束：允许通过拖动设置矩形、圆角矩形、椭圆或自定形状的宽度和高度。

粗细：以像素为单位确定直线的宽度。

2. 矩形工具

使用矩形工具可以很方便地绘制出矩形或正方形。使用矩形工具绘制矩形，只需选中矩形工具后，在画布上单击后拖拉光标即可绘出所需矩形。在拖拉时如果按住"Shift"键，则会绘制出正方形。

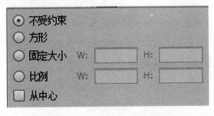

图7-27 "矩形"选项菜单

在使用矩形工具之前应先确定所需要绘制的是形状图层、路径还是装满区域的像素，单击 ✿ 按钮会出现矩形选项菜单，如图7-27所示。

不受约束：选中此项，表示矩形的形状完全由光标的拖拉决定。

方形：选中此项，表示绘制的矩形为正方形。

固定大小：选中此项，可以在"W:"和"H:"文本框中填入所需的宽度和高度的值，默认单位为像素。

比例：选中此项，可以在"W："和"H："文本框中填入所需的宽度和高度的整数比。
从中心：选中此项后，拖拉矩形时光标的起点为矩形的中心。

### 3. 圆角矩形工具

可以绘制具有平滑边缘的矩形。使用方法与矩形工具相同，只需用光标在画布上拖拉即可。圆角矩形工具的属性栏与矩形工具的大体相同，"属性"面板中可以设置圆角的半径。半径数值越大越平滑，0px 时则为矩形。

### 4. 椭圆工具

使用椭圆工具可以绘制椭圆，按住"Shift"键可以绘制出正圆。

## 7.2.3 路径

使用路径可以确定一个区域，并可以将其保存，以便重复使用路径的基本元素，Photoshop 中的路径是不可打印的，矢量形状主要用于勾画图像区域的轮廓，用户可以对路径进行填充或描边，也可以将它转化为选区。

### 1. 认识路径

路径是由贝塞尔曲线构成的线条或图形，主要由线段、锚点和控制句柄组成。单击工具箱上的钢笔工具 ，在属性栏中选择"路径"绘制模式，如图 7-28 所示。

图 7-28 选择"路径"绘制模式

在绘制模式下拉列表中，选择"形状""路径"或者"像素"选项，可以绘制得到相应的对象。绘制的路径可以是直线，如图 7-29 所示；也可以是曲线，如图 7-30 所示。

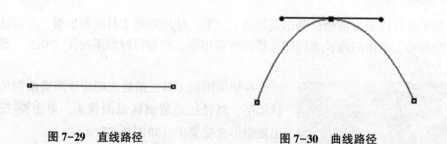

图 7-29 直线路径　　　　　　图 7-30 曲线路径

### 2. 钢笔工具

选择 Photoshop 工具箱中的钢笔工具，鼠标右击钢笔工具按钮可以显示出钢笔工具组所包含的 5 个按钮，如图 7-31 所示，通过这 5 个按钮可以完成路径的前期绘制工作。

再用鼠标右击钢笔工具下方的按钮又会出现两个路径选择按钮,如图 7-32 所示。通过这两个按钮结合前面钢笔工具组中的部分按钮可以对绘制后的路径曲线进行编辑和修改,完成路径曲线的后期调节工作。

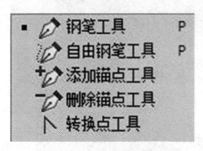

图 7-31　钢笔工具组　　　　　　　图 7-32　路径选择按钮

钢笔工具有两种创建模式:创建新的形状图层和创建新的工作路径。
(1) 创建形状图层模式。

创建形状图层模式不仅可以在"路径"面板中新建一个路径,同时还在"图层"面板中创建了一个形状图层,所以如果选择"创建新的形状图层"选项,可以在创建之前设置形状图层的样式、混合模式和不透明度的大小。

勾选 自动添加/删除 复选框,该自动添加/删除选项,可以使我们在绘制路径的过程中对绘制出的路径添加或删除锚点,单击路径上的某点可以在该点添加一个锚点,单击原有的锚点可以将其删除,如果未勾选此项可以通过鼠标右击路径上的某点,在弹出的菜单中选择添加锚点或右击原有的锚点,在弹出的菜单中选择删除锚点来达到同样的目的。

勾选 橡皮带 复选框,该橡皮带选项,可以让我们看到下一个将要定义的锚点所形成的路径,这样在绘制的过程中会感觉比较直观。

(2) 创建新的工作路径。

单击"创建新的工作路径"按钮,在画布上连续单击可以绘制出折线,通过单击工具栏中的钢笔按钮结束绘制,也可以按住"Ctrl"键的同时在画布的任意位置单击。如果要绘制多边形,最后闭合时,将鼠标箭头靠近路径起点,当鼠标箭头旁边出现一个小圆圈时,单击鼠标左键,就可以将路径闭合。

如果在创建锚点时单击并拖拽会出现一个曲率调杆,可以调节该锚点处曲线的曲率,从而绘制出曲线路径。

通过上述的描述,不难理解。按照绘制路径结束方式的不同,可以将路径区分为开放型路径、闭合性路径,而根据绘制的方式不同,路径则可以划分为直线型路径、曲线型路径。

(3) 路径上的锚点类型。

路径上的锚点有 3 种:无曲率调杆的锚点(角点)、两侧曲率一同调节的锚点(平滑点)和两侧曲率分别调节的锚点(平滑点),如图 7-33 所示。

3 种锚点之间可以使用转换点工具 进行相互转换。选择转换点工具 ,单击两侧曲率一同调节或两侧曲率分别调节方式的锚点,可以使其转换为无曲率调杆方式,单击该锚点并按住鼠标键拖拽,可以使其转换为两侧曲率一同调节方式,再使用转换点工具移动调杆,又可以使其转换为两侧曲率分别调节方式。尝试绘制如图 7-34 所示的路径。

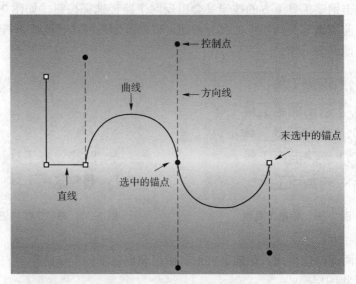

图 7-33 路径上的锚点类型

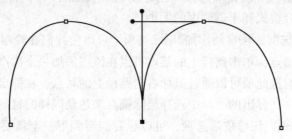

图 7-34 绘制路径

(4) 自由钢笔和磁性钢笔工具，如图 7-35 所示。

图 7-35 自由钢笔工具和磁性钢笔工具

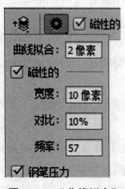

图 7-36 "曲线拟合"和"磁性的"选项

使用自由钢笔工具，我们可以像用画笔在画布上画图一样自由绘制路径曲线。不必定义锚点的位置，因为它是自动被添加的，绘制完后再做进一步的调节。自动添加锚点的数目由自由钢笔工具选项栏中的 "曲线拟合" 参数决定，参数值越小自动添加锚点的数目越大，反之则越小，"曲线拟合" 参数的范围是 0.5 像素到 10 像素之间。如果勾选 "磁性的" 复选框，自由钢笔工具将转换为磁性钢笔工具，磁性选项用来控制磁性钢笔工具对图像边缘捕捉的敏感度。"宽度" 是磁性钢笔工具所能捕捉的距离，范围是 1~40 像素；"对比" 是图像边缘的对比度，范围是 0~100%；"频率" 值决定添加锚点的密度，范围是0~100，如图 7-36 所示。

（5）添加锚点工具和删除锚点工具。

添加锚点工具 和删除锚点工具 主要用于对现成的或绘制完的路径曲线调节时使用。比如我们要绘制一个很复杂的形状，不可能一次就绘制成功，应该先绘制一个大致的轮廓，然后我们就可以结合添加锚点工具和删除锚点工具对其逐步进行细化，直到达到最终效果。

（6）路径选择工具和直接选择工具。

路径选择工具 和直接选择工具 在绘制和调节路径曲线的过程中使用率是很高的。直接选择工具 在调节路径曲线的过程中起着举足轻重的作用，因为对路径曲线来说最重要的锚点的位置和曲率都要用直接选择工具来调节。

如果要编辑图层中的路径，则路径必须在显示状态。无论在直线还是曲线上添加锚点，所增加的默认都是曲线型锚点，如果需要直线型锚点，则要使用"转换点工具"单击增加出来的锚点完成锚点的转换。

## 实训任务三　播放器图标制作

### 任务清单7-3　播放器图标制作涉及的基本操作

| 项目名称 | 任务清单内容 |
| --- | --- |
| 任务情境 | 用Photoshop制作音乐播放器图标主要分为两部分，即播放器和按钮的制作，制作过程中主要通过各个形状工具的绘制，使用高光突出播放器图标的质感。 |
| 任务目标 | （1）掌握图层样式的使用方法；<br>（2）掌握自定义形状工具的操作方法；<br>（3）掌握剪贴蒙版的操作方法。 |
| 任务要求 | 请根据任务情境，通过知识点学习，完成以下任务：<br>（1）熟练设置形状的填充和描边属性；<br>（2）熟练通过剪贴蒙版实现图像内容的显示。 |
| 任务思考 | （1）自定义形状如何使用？<br>（2）什么是剪贴蒙版？其作用是什么？剪贴蒙版的创建方法有哪些？<br>（3）形状图层具有几种布尔运算？ |
| 任务实施 | （1）执行"文件"→"新建"命令，在弹出的"新建"对话框中设置各项参数及选项，如图7-37所示。设置完成后单击"确定"按钮，新建空白图像文件。 |

续表

| 项目名称 | 任务清单内容 |
|---|---|
| |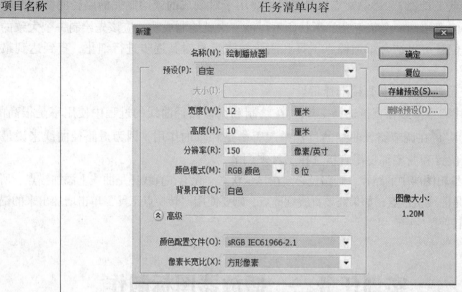
图 7-37　新建文件

（2）新建"图层 1"图层，设置前景色为深灰色（R77、G86、B87）。按"Alt"+"Delete"组合键，填充图层颜色为深灰色，制作画面背景，如图 7-38 所示。 |
| 任务实施 |
图 7-38　制作画面背景

（3）单击圆角矩形工具，在其属性栏中设置其"填充"颜色为"浅青豆绿"，"描边"为无，在"形状"属性栏中设置四个圆角半径为 40 像素大小，在画面上合适的位置绘制圆角矩形，如图 7-39 所示，得到"圆角矩形 1"形状图层。

（4）继续单击圆角矩形工具，在其属性栏中设置其"填充"颜色为"蜡笔青豆绿"，"描边"为无，在"形状"属性栏中设置其左上角半径和右上角半径为 0 像素，左下角半径和右下角半径为 40 像素，在画面上合适的位置绘制圆角矩形，得到"圆角矩形 2"形状图层。选中"圆角矩形 1"和"圆角矩形 2"两个形状图层，在工具箱上选中"移动工具"按钮，进行底对齐，至此完成播放器的底图绘制，如图 7-40 所示。 |

| 项目名称 | 任务清单内容 |
|---|---|
| 任务实施 | 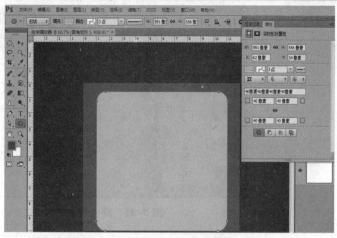<br>图7-39 绘制圆角矩形<br><br>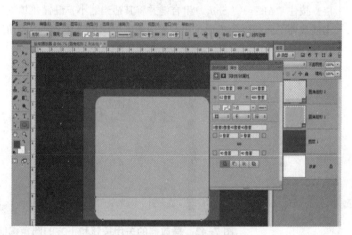<br>图7-40 播放器底图绘制<br><br>　　(5) 单击椭圆工具,在其属性栏中设置其"填充"为"浅黄色"。"描边"为无,按住"Shift"键在绘制的播放器上面绘制正圆形,得到"椭圆1"形状图层。<br>　　(6) 执行"文件"→"打开"命令,打开"小狗.jpg"文件。拖曳到当前文件图像中,生成"图层2"图层。使用"Ctrl"+"T"组合键变换图像大小,并将其放于绘制的椭圆上,按住"Alt"键并单击鼠标左键,创建其图层剪贴蒙版。双击"椭圆1"图层的空白位置,为其添加"描边""投影"图层样式,完成播放器装饰效果,如图7-41所示。<br>　　(7) 单击圆角矩形工具,在其属性栏中设置其"填充"为"黄橙色","描边"为无,在播放器画面右上方绘制圆角矩形,得到"圆角矩形3"图层,使用自由变换快捷键"Ctrl"+"T"将其旋转45°,按住"Ctrl"+"J"组合键复制"圆角矩形3"图层,得到"圆角矩形3拷贝"图层,同样使用自由变换快捷键将复制的这个圆角矩形旋转-90°,完成播放器制作器关闭按钮的图案样式。继续使用圆角矩形工具,在画面上绘制播放器下面的圆角矩形按钮,设置"填充"颜色为"浅黄橙",得到"圆角矩形4"图层,连续按"Ctrl"+"J"组合键2次,对得到的"圆角矩形4副本"图层,按住"Alt"+"Shift"组合 |

续表

| 项目名称 | 任务清单内容 |
| --- | --- |
| 任务实施 | <br>图 7-41　播放器装饰效果<br><br>键并将其适当缩小，设置"填充"颜色为"纯黄橙"，同样对"圆角矩形 4 副本 2"图层，按住"Alt"+"Shift"组合键并将其适当缩小，设置"填充"颜色为"白色"，制作出播放器下面的圆角矩形按钮。播放器的关闭按钮和下方的圆角按钮效果如图 7-42 所示。<br><br><br>图 7-42　播放器的关闭按钮和下方的圆角按钮效果<br><br>（8）使用矩形工具和多边形工具，在其属性栏中设置其"填充"为纯黄橙色、"描边"为无，选中得到的三个形状图层，按"Ctrl"+"E"组合键合并图层，制作出播放按钮中的形状，如图 7-43 所示。<br><br>图 7-43　播放按钮形状 |

续表

| 项目名称 | 任务清单内容 |
| --- | --- |
| 任务实施 | 选中绘制播放按钮的图层，按"Ctrl"+"G"组合键对所选图层进行群组，如图7-44所示。<br>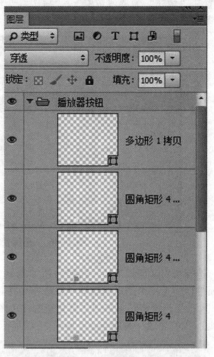<br>图7-44　图层群组<br><br>（9）按住"Ctrl"+"J"组合键复制"播放器按钮"图层组，使用"自由变换"命令将其水平翻转，改变方向，然后按住"Shift"键将其放置合适位置。按同样的方法，制作第三个播放按钮，使用"自由变换"命令改变其大小，选择矩形工具绘制播放器按钮中间的停顿按钮。播放器其他按钮完成效果，如图7-45所示。<br><br>图7-45　播放器其他按钮完成效果 |

续表

| 项目名称 | 任务清单内容 |
| --- | --- |
| 任务实施 | （10）继续使用圆角矩形工具，在其属性栏中设置其"填充"为"浅黄橙"，"描边"为纯黄橙色，在播放器上绘制播放器上的进度条，得到"圆角矩形5"形状图层。选择椭圆工具设置其"填充"为"浅黄橙"，"描边"为纯黄橙色，在进度条上绘制圆形按钮，完成进度条按钮，效果如图7-46所示。<br><br><br>图7-46 进度条按钮<br><br>（11）选择自定义形状工具，在属性栏"形状"中找到"影片"形状，"填充"和"描边"属性保持上一个图形的属性。在画布中拖拽，创建"形状1"图层。使用快捷键"Ctrl"+"["组合键将其下移到"圆角矩形1"图层上方，并将该图层的透明度调整为30%。至此，案例完成，播放器效果如图7-47所示。<br><br><br><br>图7-47 播放器效果图 |
| 任务总结 | |
| 实施人员 | |
| 任务点评 | |

## 7.3.1 自定义形状工具

首先打开 Photoshop，选择工具箱中的自定义形状工具组，如图 7-48 所示。

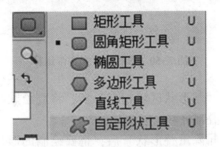

图 7-48 自定义形状工具组

在最上面的属性栏，单击形状：→中的小三角形按钮，然后单击 ✿. 按钮选择"载入形状"命令，选择要载入的形状文件，载入后就可以看到刚才载入的形状，如图 7-49 所示。

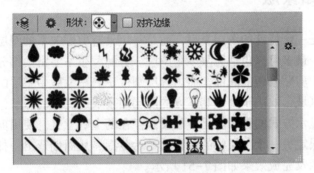

图 7-49 载入的形状

## 7.3.2 形状图层的布尔运算

同选区类似，形状之间也可以进行**布尔运算**。通过布尔运算，使新绘制的形状与现有形状之间进行**相加**、**相减**或**相交**，从而形成新的形状。单击形状工具组选项栏中的"路径操作"按钮 ▭，在弹出的下拉菜单中选择相应的布尔运算方式即可，如图 7-50 所示。

新建图层：为所有形状工具的默认编辑状态。选择"新建图层"后，绘制形状时都会自动创建一个新图层。

合并形状：选择"合并形状"后，将要绘制的形状会自动合并至当前形状所在图层，并与其合并成为一个整体。

减去顶层形状：选择"减去顶层形状"后，将要绘制的形状会自动合并至当前形状所在图层，并减去后绘制的形状部分。

179

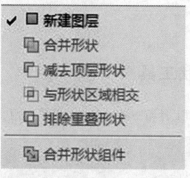

图 7-50　形状图层的布尔运算

与形状区域相交：选择"与形状区域相交"后，将要绘制的形状会自动合并至当前形状所在图层，并保留形状重叠部分。

排除重叠形状：选择"排除重叠形状"后，将要绘制的形状会自动合并至当前形状所在图层，并减去形状重叠部分。

合并形状组件：用于合并进行布尔运算的图形。

### 7.3.3　剪贴蒙版

剪贴蒙版并不是一个特殊的图层类型，而是一组具有剪贴关系的图层的名称，剪贴蒙版最少包括两个图层，最多可以包括无限多个图层。剪贴蒙版主要由两部分组成，即基层和内容层，基层位于整个剪贴蒙版的底部，而内容层则位于剪贴蒙版中基层的上方，上方图层也就是内容可显示的区域，取决于处于其下方的图层即基层所具有的形状，这种通过一个图层来限制另一个图层显示方式的作用就是剪贴蒙版存在的全部意义。使用剪贴蒙版，能够通过一个图层中的图像限定另一个图层中的像素的显示范围，从而创造出一种剪贴画的效果，剪贴蒙版图层面板显示及完成效果如图 7-51 所示。

图 7-51　剪贴蒙版图层面板显示及完成效果

**1. 创建剪贴蒙版**

创建一个简单的剪贴蒙版，操作非常简单，在实际操作中，可以通过以下四种方法创建剪贴蒙版。

（1）选中内容层，按住"Alt"键，将光标放在"图层"面板中分割内容层和基层的实线上，光标将会变为向下箭头+白色方块图标时，单击鼠标左键，即可创建向下的剪贴，单击即可。

（2）在"图层"面板中选择要创建剪贴蒙版的两个图层中的任一个图层，然后选择菜单"图层"→"创建剪贴蒙版"命令。

（3）在"图层"面板中链接需要创建为剪贴蒙版的两个或多个图层，选择图层，然后选择菜单"图层"→"从链接图层创建剪贴蒙版"命令。注意无论选中链接图层中的哪一个图层执行，执行此命令后，处于所有链接图层最下方的图层均保持不变，而其他链接图层均被缩进。

（4）选择处于上方的内容层，按"Ctrl"+"Alt"+"G"组合键来实现。

通过以上四种方法可以看出，只有连续图层才能进行制作剪贴蒙版的操作，要更好地发挥剪贴蒙版的作用，就需要更加灵活地运用基层。

## 2. 剪贴蒙版的作用

剪贴蒙版最核心的作用是利用基层的图层属性（如不透明度、混合模式等）、基层中图像的属性（图像的外形、图像的颜色）来控制内容层中图像的显示效果。内容层所显示出来的内容完全由基层自身的属性及其中图像的属性来决定。

## 3. 剪贴蒙版的类型

（1）图像型剪贴蒙版。

图像是剪贴蒙版中内容层经常用到的元素，有时候图像也会作为基层出现，剪贴蒙版中的内容层和基层都是图像，如图 7-52 所示。

这是最常见的一类剪贴蒙版，建立剪贴蒙版关系后的显示效果如图 7-53 所示。

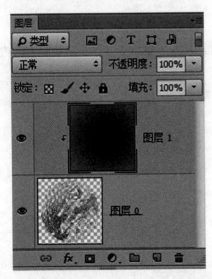

图 7-52　剪贴蒙版中的内容层和基层都是图像

图 7-53　图像型剪贴蒙版

(2) 文字型剪贴蒙版。

当图像所在的普通图层与文字图层组合在一起形成剪贴蒙版时，如图 7-54 所示。文字图层通常以基层的形式出现在剪贴蒙版中，效果如图 7-55 所示。

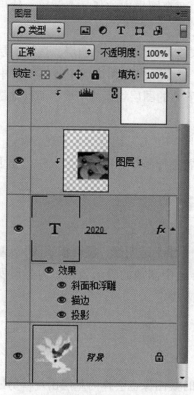

图 7-54　图像所在的普通图层与文字图层组合在一起形成剪贴蒙版

图 7-55　文字型剪贴蒙版

(3) 调整图层型剪贴蒙版。

调整图层通常都是作为内容层出现在剪贴蒙版中的，从而起到对下方基层中的内容的图像进行调整的作用。

**学习笔记**

# 项目八

# 电商视觉设计

### 知识目标

- 掌握网页界面视觉设计的基础知识
- 熟悉通道在图像效果制作中的应用
- 熟悉路径在图像效果制作中的应用
- 掌握通道工具的使用方法
- 掌握文字工具的高级应用

### 技能目标

- 能够熟练运用通道抠图、调色
- 能够熟练运用滤镜给图像添加特殊效果
- 能够熟练使用钢笔工具绘制路径并转化为选区

### 素质目标

- 培养学生依据任务需求进行视觉设计的基本素质
- 培养学生电商广告制作的基本能力
- 培养学生对文字排版、图片处理、结构布局的运用能力

# 实训任务一　促销广告视觉设计

## 任务清单 8-1　促销广告视觉设计涉及的基本操作

| 项目名称 | 任务清单内容 |
| --- | --- |
| 任务情境 | 　　商品促销广告搭载网络平台，是通过互联网发布信息的一种形式，具有针对性强、不受时空限制、成本低、形式多样的优势，因此网络广告中的商品图像的视觉设计有着重要的地位。 |
| 任务目标 | （1）掌握渐变工具制作背景的方法；<br>（2）熟悉图案背景的制作方法；<br>（3）掌握钢笔工具抠图的操作方法。 |
| 任务要求 | 请根据任务情境，通过知识点学习，完成以下任务：<br>（1）熟练使用钢笔工具抠图；<br>（2）熟练使用文字工具为装饰商品添加信息。 |
| 任务思考 | （1）渐变工具如何制作光束效果？<br>（2）钢笔工具抠图过程中的操作要点是什么？路径如何转换成选区？<br>（3）如何制作新背景图案？ |
| 任务实施 | 　　（1）执行"文件"→"新建"命令创建一个新文件，在弹出的对话框中设置文件的"宽度"为 800 像素，文件的"高度"为 800 像素，"分辨率"为 72 像素/英寸，"颜色模式"为 RGB，"背景内容"为白色，如图 8-1 所示。 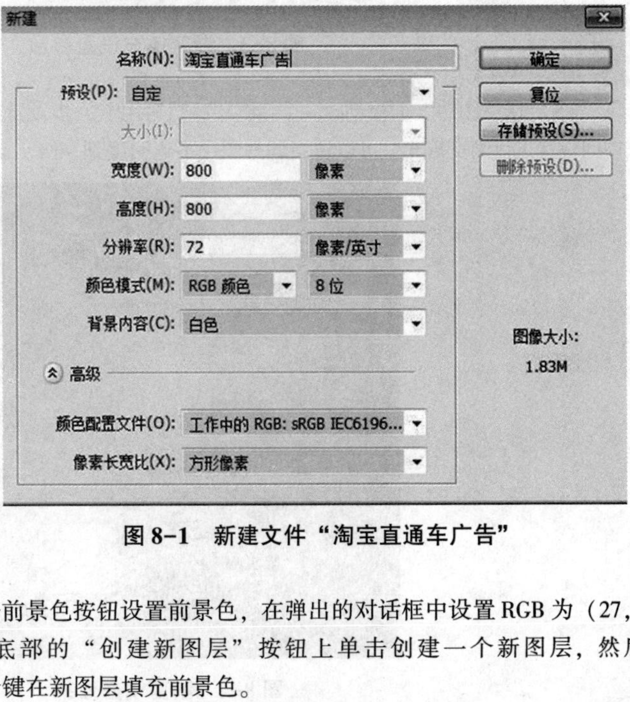<br><br>图 8-1　新建文件"淘宝直通车广告"<br><br>　　（2）单击前景色按钮设置前景色，在弹出的对话框中设置 RGB 为（27，17，15）。在"图层"面板底部的"创建新图层"按钮上单击创建一个新图层，然后按"Alt"+"Delete"组合键在新图层填充前景色。 |

续表

| 项目名称 | 任务清单内容 |
| --- | --- |
| 任务实施 | （3）运用工具箱中的矩形选择工具，在图像文件的底部创建一个矩形选区，如图8-2所示的位置，在"图层"面板创建一个新图层，并用黑色填充矩形选区。<br>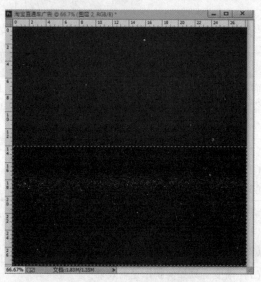<br>图8-2　绘制矩形选区<br><br>（4）在工具箱中设置前景色、背景为白色，然后选择工具箱中的渐变填充工具，选择"前景色到透明渐变"的渐变预设，渐变方式选择"径向渐变"。渐变填充设置参数如图8-3所示。<br>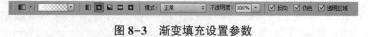<br>图8-3　渐变填充设置参数<br><br>（5）在"图层"面板创建一个新图层，然后用上一步设置好的渐变填充工具，在图像的中间位置进行渐变填充，可以适当调整图层不透明度到90%，渐变填充效果如图8-4所示。<br>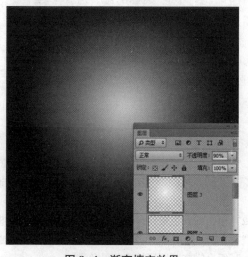<br>图8-4　渐变填充效果 |

续表

| 项目名称 | 任务清单内容 |
| --- | --- |
| 任务实施 | （6）按"Ctrl"+"N"组合键，弹出"新建"对话框。设置"名称"为"方格背景"、"宽度"与"高度"均为10像素、"分辨率"为72像素/英寸、"颜色模式"为RGB颜色、"背景内容"为透明，单击"确定"按钮，完成画布的创建，如图8-5所示。<br>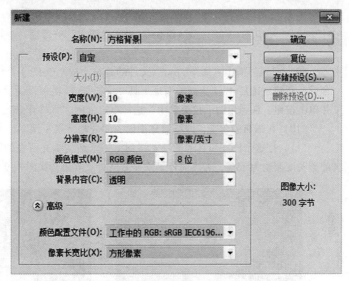<br>图8-5　新建"方格背景"文件<br><br>（7）选择缩放工具，将画布放大至最大，然后选择"矩形选框工具"，在新建的画布上创建一个选区，设置前景色为白色，按"Alt"+"Delete"组合键对画布进行填充，完成图形效果如图8-6所示。然后按"Ctrl"+"D"组合键，取消选区。<br><br>图8-6　图形效果<br><br>（8）执行"编辑"→"定义图案"命令，弹出"图案名称"对话框，输入图案名称后单击"确定"按钮，如图8-7所示。 |

| 项目名称 | 任务清单内容 |
| --- | --- |
| 任务实施 | 图 8-7 "定义图案"对话框<br><br>（9）回到"淘宝直通车.psd"文件的画布，按"Ctrl"+"Alt"+"Shift"+"N"组合键，新建"图层 4"。选择油漆桶工具，在其选项栏中设置"填充区域的源"为图案，并单击按钮，在弹出的下拉菜单中，选择自定义的"方格背景"。<br>（10）在画布中单击，即可填充预设的"方格背景"图案，完成效果如图 8-8 所示。<br>（11）把这个图案所在的图层 4 移到上一个渐变填充所在的图层的下方，并将图层 4 的透明度调整为 15%，为当前背景添加方格背景效果，如图 8-9 所示。<br><br> <br>图 8-8 填充预设的"方格背景"图案　图 8-9 为当前背景添加方格背景效果<br><br>（12）打开素材图像"男鞋.jpg"，选择钢笔工具，在其选项栏中设置"路径"模式，将光标移至"男鞋"图像边缘区域，单击鼠标左键定位路径的起始锚点，沿男鞋的轮廓绘制路径，如图 8-10 所示。<br><br><br>图 8-10 沿男鞋的轮廓绘制路径<br><br>（13）在"路径"面板中，单击"将路径作为选区载入"　按钮或者按下"Ctrl"+"Enter"组合键，将路径转换为选区，按下"Shift"+"F6"组合键，设置"羽化半径"为 1 像素，如图 8-11 所示，然后单击"确定"按钮。 |

续表

| 项目名称 | 任务清单内容 |
|---|---|
| 任务实施 | （14）选择移动工具，将"男鞋"素材移至"淘宝直通车广告.psd"文件所在的画布中，将得到的图层命名为"图层5"，并重新命名为"男鞋"。<br><br>（15）按"Ctrl"+"T"组合键，调出定界框，将男鞋缩小至适当大小，旋转，按住"Ctrl"+"J"组合键复制图层，得到"男鞋拷贝"图层，按"Ctrl"+"T"组合键单击鼠标右键，在弹出的菜单中选择"水平翻转"命令，同样旋转一定角度，按"Enter"键确认。编辑"男鞋拷贝"图层效果如图8-12所示。<br><br> <br>图8-11 设置"羽化半径"为1像素　　图8-12 编辑"男鞋拷贝"图层效果<br><br>（16）单击"图层"面板底部的"添加图层样式"按钮，为图层"男鞋"添加"投影"图层样式，如图8-13所示。<br><br>（17）新建"图层5"，重新命名为"光束"，在工具箱中设置前景色、背景为白色，然后选择工具箱中的渐变填充工具，选择"前景色到透明渐变"的渐变预设，渐变方式选择"径向渐变"。按住"Ctrl"+"T"组合键，打开自由变换定界框，右键单击选择"透视"命令，按住"Shift"+"Alt"组合键进行透视变换，然后按"Enter"键确认，再次使用"自由变换"命令旋转得到的光束效果。复制"图层5"，得到"图层5拷贝"图层，使用"自由变换"命令进行水平翻转和调整位置，光束效果如图8-14所示。<br><br>（18）在工具箱中选取文字工具，设置字体为方正正大黑简体，字体大小为54点，字间距为-16，颜色为白色，在目标图像的左上方输入"运动时尚"几个文字，并用移动工具移到合适的位置，如图8-15所示。<br><br>（19）继续运用文字工具，字体保持不变，设置字体大小为126点，字间距为48，颜色为黄色，输入文字为"5折"。运用文字工具，字体保持不变，设置字体大小为67点，字间距为-38。颜色为白色，输入文字为"秒杀"。用移动工具将输入的文字"5折"进行移动，与"运动时尚"文字上下对齐，然后使文字"秒杀"与"5折"文字下边对齐，效果如图8-16所示。<br><br>（20）选择"椭圆选框工具"，在文字"秒杀"上方绘制一椭圆选区，注意大小与位置，继续选择"矩形选框工具"，按住"Shift"键，在椭圆形选区的左下方增加一矩形，完成新选区效果如图8-17所示。<br><br>（21）新建"图层6"，设置前景色RGB（255，246，82），按住"Alt"+"Delete"组合键填充选区，如图8-18所示。 |

续表

| 项目名称 | 任务清单内容 |
| --- | --- |
| 任务实施 | <br>图 8-13 图层"男鞋"添加"投影"图层样式　　图 8-14 光束效果图<br><br>图 8-15 输入文字　　图 8-16 文字"秒杀"与"5折"文字下边对齐<br><br>图 8-17 新选区效果　　图 8-18 填充选区 |

续表

| 项目名称 | 任务清单内容 |
|---|---|
| 任务实施 | （22）选取文字工具，设置文字字体为方正综艺 GBK，字体大小为 28 点，字符间距为 -19，字体颜色为黑色，在图像中输入"RMB"文字，并用移动工具移到合适的区域，在图像中输入"158.00"文字，其中将".00"文字大小变小，并用移动工具移到合适位置。<br>（23）在工具箱中选取椭圆形状工具，设置绘制方式为"形状"，"填充"颜色为前面设置的黄色，"描边"为无，创建一个形状图层"椭圆 1"，在图像的右边位置运用工具绘制一个圆形，然后按住"Ctrl"+"J"组合键复制形状图层，得到"椭圆 1 拷贝"图层，使用"Ctrl"+"T"组合键进行放大变换。同时设置形状填充为无，描边颜色为白色，宽度为 3，线型为"短划线"，设置字体属性，字体为方正大黑简体，字体大小为 55 点，字符间距为-28，颜色为黑色，在图像中输入"全国包邮"文字，并将文字移动到圆形形状内部，完成"全国包邮"促销图形设计，效果如图 8-19 所示。<br>（24）继续运用文字工具，设置字体为微软雅黑，行间距为 21，设置为大写，字体颜色为浅灰色，在大写的状态下输入以下英文段落，并移动到合适的位置，任务完成效果如图 8-20 所示。 <br><br>图 8-19 "全国包邮"促销图形效果 　　图 8-20 任务完成效果 |
| 任务总结 | |
| 实施人员 | |
| 任务点评 | |

## 8.1.1 "路径"面板

如果说画布是钢笔工具的舞台,那么"路径"面板就是钢笔工具的后台了。选择菜单"窗口"→"路径"命令,显示"路径"面板,"路径"面板中列出了每条存储的路径、当前工作路径和当前矢量蒙版的名称和缩览图像。要查看路径,必须先在"路径"面板中选择路径名,当前所在路径在"路径"面板中为反白显示状态。在"路径"面板的弹出式菜单中包含了诸如"新建路径""复制路径""存储路径"等命令,为了方便起见,我们也可以单击面板下方的按钮来完成相应的操作,如图8-21所示。

"路径"面板下方的按钮分别是填充路径、描边路径、将路径作为选区载入、从选区生成工作路径、新建路径、删除路径。下面介绍"路径"面板上的这些功能。

(1)新建路径:同时包含了存储路径的功能,当使用钢笔工具或形状工具创建工作路径时,新的路径以工作路径的形式出现在"路径"面板中。工作路径是临时的,可以保存路径,以免丢失其内容。如果没有存储便取消了选择的工作路径,当再次开始绘图时,新的路径将取代现有路径。存储路径的操作只需将绘制好的工作路径拖动到新建路径按钮上即可。

(2)将路径作为选区载入:路径提供平滑的轮廓,可以将它们转换为精确的选区边框。任何闭合路径都可以定义为选区边框。可以从当前的选区中添加或减去闭合路径,也可以将闭合路径与当前的选区结合。要将路径转换为选区,在"路径"面板中选择路径,然后单击"路径"面板底部的"将路径作为选区载入"按钮即可。

如果要对选区进行设置,按住"Alt"键并单击"路径"面板底部的"将路径作为选区载入"按钮。弹出"建立选区"对话框,如图8-22所示。

图8-21 "路径"面板

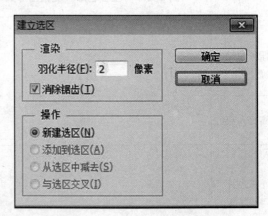

图8-22 "建立选区"对话框

在"建立选区"对话框中,"渲染"栏中的"羽化半径"定义羽化边缘在选区边框内外的伸展距离,输入以像素为单位的值。"消除锯齿"复选框被勾选表示在选区中的像素与周围像素之间创建精细的过渡效果,确保"羽化半径"设置为0。对于"操作"栏中的各选项,"新建选区"表示只选择路径定义的区域,"添加到选区"表示将路径定义的区域添加到原选区中,"从选区中减去"表示将从当前选区中移去路径定义的区域,"与选区交叉"表示选择路径和原选区的共有区域,如果路径和选区没有重叠,则不会选择任何内容。

(3)从选区生成工作路径:使用选择工具创建的任何选区都可以定义为路径。建立选区,单击"路径"面板底部的"从选区生成工作路径"按钮。如果要对工作路径进行设置,按住"Alt"键并单击"路径"面板底部的"从选区生成工作路径"按钮,弹出"建立工作路径"对话框,如图8-23所示。

图8-23 "建立工作路径"对话框

在"建立工作路径"对话框中,输入容差值,或使用默认值。容差值的范围为0.5~10像素,用于确定"建立工作路径"命令对选区形状微小变化的敏感程度。容差值越高,用于绘制路径的锚点越少,路径也越平滑。

(4)填充路径:使用钢笔工具创建的路径只有在经过描边或填充处理后,才会成为图像。该命令可用于使用指定的颜色、图像状态、图案或填充图层来填充包含像素的路径。在"路径"面板中选择路径,单击"路径"面板底部的"填充路径"按钮。如果要选择使用其他内容填充路径,按住"Alt"键并单击"路径"面板底部的"填充路径"按钮,打开"填充路径"对话框,如图8-24所示。

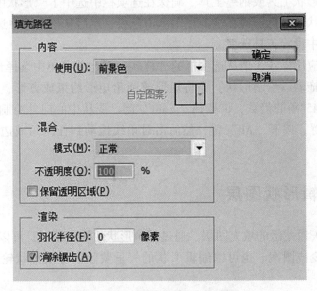

图8-24 "填充路径"对话框

在"填充路径"对话框中,"使用"项用于选取填充内容。可以指定填充的不透明度,要使填充更透明,应使用较低的百分比。100%的设置使填充完全不透明。还可以选取填充的混合模式。"模式"栏中提供了"清除"模式,使用此模式可抹除为透明,但必须在背景以外的图层中工作才能使用该选项。勾选"保留透明区域"仅限于填充包含像素的图层区域。对于"渲染"栏中的各选项:"羽化半径"定义羽化边缘在选区边框内外的伸展距离,输入以像素为单位的值。"消除锯齿"通过部分填充选区的边缘像素,在选区的像素和周围像素之间创建精细的过渡效果。

(5)描边路径:"描边路径"命令可用于绘制路径的边框,"描边路径"命令可以沿任何路径创建绘画描边(使用绘画工具的当前设置)。这和"描边"图层的效果完全不同,它并不模仿任何绘画工具的效果。在描边前,可以先选择绘画工具,然后在"路径"面板中选择路径,单击"路径"面板底部的"描边路径"按钮。每次单击按钮都会增加描边的不透明度,这在某些情况下会使描边看起来更粗。如果没有选择绘画工具,要对描边工具进行设置,可按住"Alt"键并单击"路径"面板底部的"描边路径"按钮,打开"描边路径"对话框,如图8-25所示。

图 8-25 "描边路径"对话框

钢笔工具在 Photoshop 中的应用非常广泛,而对于初次接触这个工具的学习者来讲,比较难以掌握和驾驭,但是只要多做练习,无论多么复杂的曲线形状,完全可以用钢笔工具来解决。

### 8.1.2 绘制形状

在形状图层上创建形状的步骤如下:
(1)选择一个形状工具或钢笔工具。确保在选项栏中选中了"形状图层"按钮。
(2)要选取形状的颜色,请在选项栏中单击色板,然后从拾色器中选取一种颜色。
(3)在选项栏中设置工具选项。
(4)要为形状应用样式,请从选项栏的"样式"弹出式菜单中选择预设样式。
(5)在图像中拖动以绘制形状:要将矩形或圆角矩形约束成方形、将椭圆约束成圆或将线条角度限制为45°角的倍数,请按住"Shift"键。要从中心向外绘制,请将指针放置到形状中心所需的位置,按下"Alt"键,然后沿对角线拖动到任何角或边缘,直到形状已达到所需大小。

### 8.1.3 编辑形状图层

形状是链接到矢量蒙版的填充图层。通过编辑形状的填充图层,可以很容易地将填充更改为其他颜色、渐变或图案。也可以编辑形状的矢量蒙版以修改形状轮廓,并对图层应用样式。

(1)要更改形状颜色,请双击"图层"面板中形状图层的缩览图,然后用拾色器选取一种不同的颜色。
(2)要使用图案或渐变来填充形状,请在"图层"面板中选择形状图层,然后选择"图层"→"图层样式"→"渐变叠加"命令,并设置渐变选项。
(3)要使用图案或渐变来填充形状,请在"图层"面板中选择形状图层,然后选择"图层"→"图层样式"→"图案叠加"命令,并设置图案选项。

（4）要修改形状轮廓，请在"图层"面板或"路径"面板中单击形状图层的矢量蒙版缩览图，然后使用直接选择工具和钢笔工具更改形状。

# 实训任务二　电商促销广告设计

## 任务清单 8-2　电商促销广告设计的基本操作

| 项目名称 | 任务清单内容 |
| --- | --- |
| 任务情境 | 横幅广告也称 Banner，是网页中尺幅最大的广告类型之一。这类广告通常位于网站的页首部分，其宽度根据网站布局而定，一般为 520~1 920 像素，内容以网站主推的商品或事物为主。 |
| 任务目标 | （1）了解常见的电商广告的类型和特点；<br>（2）掌握设计横幅广告和主图广告的技巧方法；<br>（3）能在实践中根据需要设计网络广告。 |
| 任务要求 | 请根据任务情境，通过知识点学习，完成以下任务：<br>（1）能将文字转换为形状；<br>（2）能改变文字的形状。 |
| 任务思考 | （1）文字转换成形状，有什么特点？<br>（2）如何制作变形文字？<br>（3）如何创建文字轮廓的工作路径？ |
| 任务实施 | （1）执行"文件"→"新建"命令，打开"新建"对话框，设置新建的文件名为"年终促销横幅"，"宽度"为 1 200 像素，"高度"为 540 像素，"分辨率"为 72 像素/英寸，"颜色模式"为 RGB 颜色，单击"确定"按钮，新建图像文件。<br>（2）打开素材"底纹.png""丝带.png""云纹.png""店招.png"和"产品.png"，将它们移至画布中的合适位置，如图 8-26 所示。 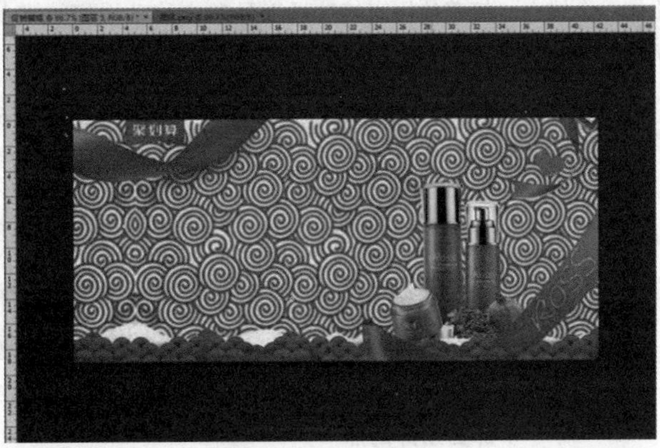<br><br>图 8-26　打开素材 |

续表

| 项目名称 | 任务清单内容 |
| --- | --- |
| 任务实施 | (3) 设置"底纹"图层的"不透明度"为"8%",并为其添加图层蒙版,然后选择渐变工具,设置渐变样式为"径向渐变",渐变颜色为"黑、白渐变",勾选"反向"复选框,接着选中"底纹"图层的图层蒙版,以画布中心为起点,按住"Shift"键向外拖动鼠标为图层蒙版添加渐变效果,如图 8-27 所示。<br><br>处理"底纹"图层效果如图 8-28 所示。<br><br>(4) 制作文案部分。使用横排文字工具,在产品图像左侧输入"巨补水",设置其字体为"方正细倩 GBK",然后将其转化为形状,接着使用路径选择工具,选中"巨"字,之后使用添加锚点工具和直接选择工具,在笔画端点添加并处理锚点,将笔画端点处理为圆弧状,最后,按此方法处理"补"和"水"字,如图 8-29 所示。<br><br>图 8-27 编辑"底纹图层"图层蒙版<br><br>　　<br>图 8-28 处理"底纹"图层效果　　图 8-29 输入标题并处理字型<br><br>(5) 打开素材"绿叶.png",将其替换"补"字部首顶部的点,然后将标题文字文案相关图层编组并更改组名为"巨补水",接着为该组添加"投影"样式突出标题文案,如图 8-30 所示。<br><br>(6) 使用矩形工具在标题下方绘制一个矩形,然后使用添加锚点工具为矩形两侧各添加一个锚点,接着使用直接选择工具向内移动添加的锚点。制成标签形状,如图 8-31 所示。<br><br>　　<br>图 8-30 素材"绿叶.png"替换　　图 8-31 制成标签形状<br>　　　　"补"字部首顶部的点 |

续表

| 项目名称 | 任务清单内容 |
| --- | --- |
| 任务实施 | （7）新建图层，使用横排文字工具在标签图像上输入文案，并根据文案级别设置字符参数，最后使用矩形工具绘制矩形框。完成文案的边框效果如图8-32所示。<br>（8）导入"剪枝鸟.png"和"花瓣.png"素材，将它们移至画面中的合适位置后，使用多边形套索工具处理花瓣素材。完成的广告效果如图8-33所示。 <br><br>图8-32 文案的边框效果 　　　　　图8-33 广告效果 |
| 任务总结 | |
| 实施人员 | |
| 任务点评 | |

## 知识要点

### 8.2.1 文字的转换

在 Photoshop 中文字可以被转换为形状、路径和图像这三种形态，在未对文字进行这样的转换的情况下，只能对文字及段落属性进行设置；而通过将文字转换为形状、路径或图像后，则可以对文字进行更多更为丰富的编辑，从而得到艺术化的文字效果。下面将分别讲解将文字转换为形状、路径及图像的操作方法。

#### 1. 将文字转换为形状

选择菜单"类型"→"转换为形状"命令，可将文字转换为与其轮廓相同的形状，如图8-34所示为转换成形状前后的"图层"面板。

观察转换前后的"图层"面板可以看出，将文字图层转换为形状后，原文字图层已经不存在，取而代之的是一个形状图层，此时只能使用钢笔工具 、直接选择工具  等编辑工具对其进行调整，而无法再为其设置文字属性。

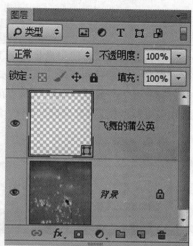

图 8-34　转换成形状前后的"图层"面板

### 2. 将文字转换为路径

选择菜单"类型"→"创建工作路径"命令可将文字直接转换为路径，从而可以直接使用此路径进行描边等操作。与转换为形状操作不同，当将文字转换为路径时，原文字图层不会发生任何变化，而只是依据文字的轮廓生成一个工作路径，从而避免影响文字的可编辑性，如图 8-35 所示。

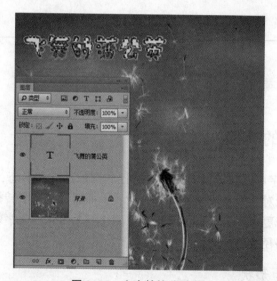

图 8-35　文字转换为路径

对产生的文字轮廓的工作路径，设置合适的画笔笔触，新建图层，完成路径描边操作，效果如图 8-36 所示。

### 3. 将文字转换为图像

选择菜单"类型"→"栅格化文字"命令可以将文字转换为普通图像，转换为图像后，

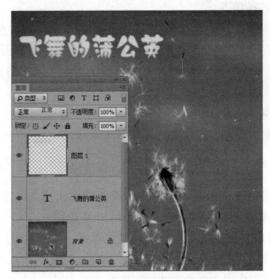

图 8-36 路径描边

同样无法再继续设置文字的字符及段落属性,但可以对其使用滤镜命令、图像调整命令或叠加更丰富的颜色及图案等。

## 8.2.2 制作异形文字

除了基本的文字排列方式,以及上一节讲解到的特殊文字效果的设计方法外,还可以制作得到更多的异形文字效果,例如变形文字、沿路径绕排文字以及异形文本块效果等。它们的共同优点就是不影响文字自身的矢量属性,在制作完成异形文字后,还可以继续设置文字的字符及段落等属性。本节将详细讲解这几种特殊文字编排的操作方法。

### 1. 变形扭曲文字

为文字添加扭曲、变形效果,可以打破文字的常规视觉效果,使作品看上去更丰富,而文字也会更加令人瞩目。例如,可以将文字变形为扇形、鱼形、拱形、旗帜、波浪等效果。"变形文字"面板如图 8-37 所示。在进行变形文字操作时无须进行文字的栅格化操作。

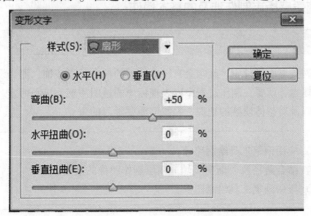

图 8-37 "变形文字"面板

对其中常用选项的解释如下：

样式：在该选项的下拉列表中可以选择 15 种不同的变形样式，包括：无、扇形、下弧、上弧、拱形、凸起、贝壳、花冠、旗帜、波浪、鱼形、增加、鱼眼石、膨胀、挤压和扭转。

水平/垂直：选中"水平"单选按钮，文本扭曲的方向为水平方向；选中"垂直"单选按钮，文本扭曲的方向为垂直方向。

弯曲：用来设置文本的弯曲程度。

水平扭曲/垂直扭曲：可以让文本产生透视扭曲效果。

### 2. 沿路径排列文字

使用路径绕排文字可以在图像及版面设计过程中制作出更为丰富的文字排列效果，使文字的排列形式不再是单调的水平或垂直形式，还可以是曲线型的。在 Photoshop 中可以轻松地实现沿路径排文的效果。

例如，选择钢笔工具，在图像窗口中创建一条曲线路径。然后，选择横排文字工具，在选项栏中设置"字体"为黑体、"字体大小"为 36 点、"颜色"为红色。将此工具放于路径线上，直至光标变为 的形状，用光标在路径线上单击，以在路径线上创建一个文本光标点。文字会沿着路径排列，如图 8-38 所示。改变路径形状时，文字的排列方式也会随之改变。

图 8-38　沿路径排列文字

### 3. 区域文字

要制作异形轮廓文字效果，首先需要绘制一条用于装载文字的封闭路径，例如图 8-38 所示的圆形路径，然后使用横排或直排文字工具，将光标置于路径内部。此时光标将变为 状态，单击鼠标插入文本光标后即可输入文字。

## 实训任务三　玻璃质感标志制作

**任务清单 8-3　玻璃质感标志制作涉及的基本操作**

| 项目名称 | 任务清单内容 |
| --- | --- |
| 任务情境 | 在网页界面设计中，经常会有一些质感的标志元素装饰，那么设计一款具有透明玻璃质感的标志，就要在制作过程中以表现标志的透明质感为核心内容。色彩、透明度等属性的设置以及对整体质感的把握，是我们需要学习的重点。 |
| 任务目标 | （1）应用钢笔工具绘制路径；<br>（2）结合路径及"渐变"填充图层制作图像的渐变效果；<br>（3）应用画笔工具绘制图像。 |

续表

| 项目名称 | 任务清单内容 |
|---|---|
| 任务要求 | 请根据任务情境,通过知识点学习,完成以下任务:<br>(1)添加图层样式,制作图像的阴影、描边等效果;<br>(2)应用椭圆工具绘制形状。 |
| 任务思考 | (1)如何编辑画笔工具?<br>(2)如何创建填充图层?<br>(3)如何定义画笔笔刷? |
| 任务实施 | (1)新建一个空白文件,在弹出的对话框中设置文件的"宽度"为19.7厘米,"高度"为23.4厘米,"分辨率"为72像素/英寸,"背景内容"为白色,"颜色模式"为RGB颜色,单击"确定"按钮退出对话框。<br>(2)设置前景色的颜色值为RGB(243,101,35),选择椭圆工具,在工具选项栏中选择"形状"选项,然后按"Shift"键在画布中绘制正圆形状,效果如图8-39所示,同时得到图层"椭圆1"。<br>(3)在"图层"面板底部单击"添加图层样式"按钮,在弹出的菜单中选择"内阴影"命令,在弹出的对话框中设置参数,在该对话框中选择"描边"选项,设置其参数,然后单击"确定"按钮,得到"椭圆1"图层效果如图8-40所示。注意内阴影颜色是RGB(254,212,130),描边的颜色是RGB(239,211,137)。 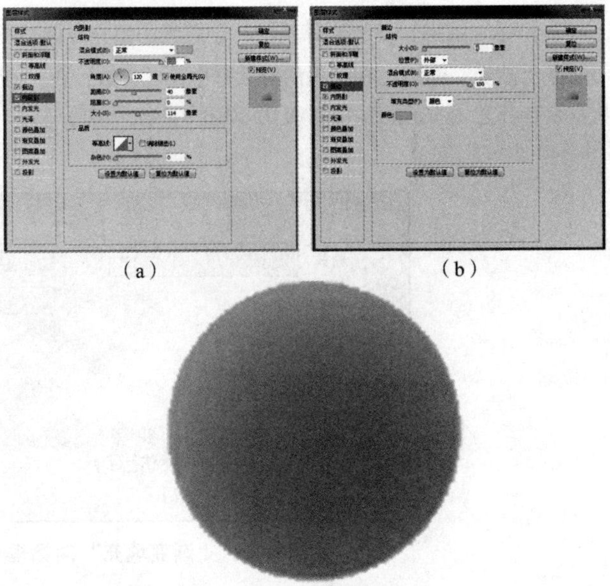<br><br>图8-39 绘制正圆<br><br>(a)　　　　　　　(b)<br><br>(c)<br>图8-40 "椭圆1"图层添加图层样式<br>(a)"内阴影"图层样式;(b)"描边"图层样式;(c)"椭圆1"图层添加图层样式效果 |

续表

| 项目名称 | 任务清单内容 |
| --- | --- |
| 任务实施 | （4）切换至"路径"面板，新建路径，得到图层"路径1"。选择椭圆工具，在工具选项栏中选择"路径"选项，按住"Shift"键在画布中绘制正圆形路径，效果如图8-41所示。<br> <br>图8-41 绘制正圆形路径<br>（5）在"图层"面板底部单击"创建新的填充或调整图层"按钮 。在弹出的菜单中选择"渐变"命令，在弹出的对话框中设置参数，在"渐变填充"对话框中设置渐变，从左至右各色标的颜色值依次为RGB（243，101，35）、RGB（254，212，130），如图8-42所示。<br>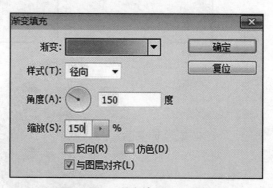<br>图8-42 "渐变填充"对话框<br>然后在未退出对话框的情况下，将渐变效果向正圆左下方拖动，单击"确定"按钮，得到如图8-43所示的效果，同时得到图层"渐变填充1"。 |

| 项目名称 | 任务清单内容 |
|---|---|
| 任务实施 | 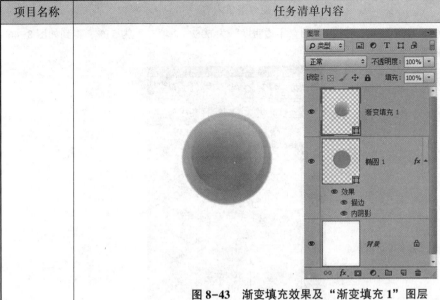<br>图 8-43 渐变填充效果及"渐变填充 1"图层<br><br>（6）制作标志上方的光泽效果。设置前景色的颜色值为 RGB（255，127，24），选择钢笔工具，在工具选项栏中选择"形状"选项，在画布中绘制一个类似椭圆的形状，效果如图 8-44 所示，同时得到图层"形状 1"。<br><br>（7）在"图层"面板底部单击"添加图层样式"按钮，在弹出的菜单中选择"内发光"命令。在弹出的对话框中设置参数，在"内发光"图层样式参数设置中，设置色块的颜色 RGB（254，212，130），如图 8-45 所示，然后单击"确定"按钮。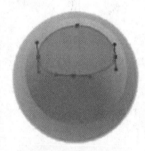<br>图 8-44 制作标志上方的光泽效果<br><br>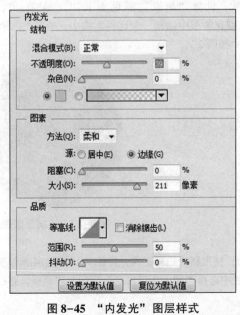<br>图 8-45 "内发光"图层样式 |

续表

| 项目名称 | 任务清单内容 |
| --- | --- |
| 任务实施 | (8) 设置图层"形状1"的"不透明度"为60%,"填充"为55%,得到如图8-46所示的效果。<br>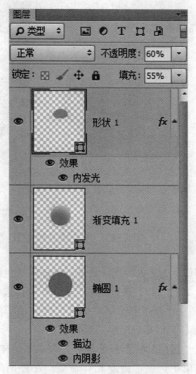<br>图8-46 设置图层"形状1"的"不透明度"和"填充"<br><br>(9) 绘制标志右下方的透明图形效果。选择椭圆工具,在工具选项栏中选择"形状"选项,设置"填充"颜色为RGB(243,101,35),"描边"为无。然后按住"Shift"键在画布中绘制一个比标志略小一些的正圆形状,效果如图8-47所示,同时得到图层"椭圆2"。<br><br>图8-47 绘制正圆形状<br><br>(10) 使用路径选择工具,按住"Alt"键向画布左上方拖动以复制该路径。然后在工具选项栏中选择"减去顶层形状"选项,再调整该路径的位置,直至得到如图8-48所示的效果。 |

续表

| 项目名称 | 任务清单内容 |
| --- | --- |
| 任务实施 | 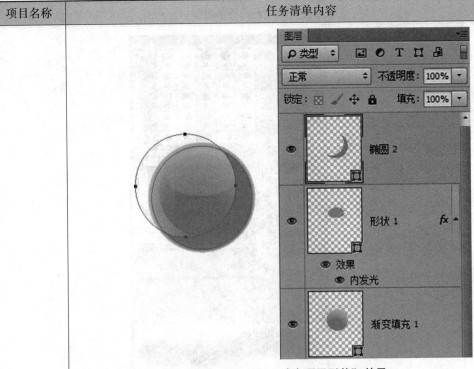<br>图 8-48 "减去顶层形状"效果<br><br>（11）设置图层"椭圆2"的"不透明度"为"68%"，"填充"为"60%"，得到如图 8-49 所示的效果。<br><br><br>图 8-49 设置图层"椭圆2"的"不透明度"为"68%"、填充为"60%"的效果<br><br>（12）至此，已经初步完成了标志内容的制作。下面再添加阴影效果，使其更具立体感。选择画笔工具，按"F5"键显示"画笔"面板，按照图 8-50 所示进行参数设置，然后在工具选项栏中设置"不透明度"为 35%。<br>（13）在"背景"图层的上方新建图层，得到"图层1"。设置前景色为黑色，在标志的下方单击以绘制阴影效果，效果如图 8-51 所示。<br>（14）在已经完成的球体上绘制标志的主体效果。结合钢笔工具及椭圆工具等，在标志上绘制如图 8-52 所示的路径。 |

续表

| 项目名称 | 任务清单内容 |
|---|---|
| 任务实施 | 图 8-50　画笔工具参数设置<br><br>　　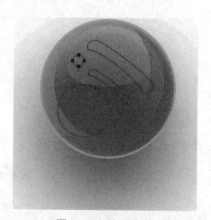<br>图 8-51　绘制阴影效果　　　　　图 8-52　绘制路径<br><br>（15）在"图层"面板底部单击"创建新的填充或调整图层"按钮，在弹出的菜单中选择"渐变"命令，在弹出的对话框中设置参数，在"渐变填充"对话框中，设置渐变各色标的颜色值为 RGB（254，228，138）、RGB（254，233，186），单击"确定"按钮，得到如图 8-53 所示的最终效果。 |

续表

| 项目名称 | 任务清单内容 |
|---|---|
| 任务实施 |  <br>图 8-53 最终效果 |
| 任务总结 | |
| 实施人员 | |
| 任务点评 | |

### 知识要点

## 8.3.1 画笔工具

**1. 了解画笔工具**

使用画笔工具既能绘制边缘柔和的线条也能绘制边缘清晰的线条,此工具在绘制中使用最频繁。在使用画笔工具进行绘制工作时,除了需要选择正确的绘图前景色以外,还必须正确设置画笔工具的选项。在工具箱中选择画笔工具,其工具选项栏如图 8-54 所示,在此可以选择画笔的笔刷类型并设置绘图透明度及其混合模式。

图 8-54 "画笔工具"选项栏

"画笔工具"选项栏中的参数含义如下。

画笔:在此下拉列表中选择合适的画笔大小。
模式:设置用于绘图的前景色与作为画纸的背景之间的混合效果。
不透明度:设置绘图颜色的不透明度,数值越大绘制的效果越明显,反之则越不明显。

流量：设置拖动光标一次得到图像的清晰度，数值越小，越不清晰。

喷枪工具：单击此图标，将画笔工具设置为喷枪工具，在此状态下得到的笔画边缘更柔和，而且如果在图像中单击并按住鼠标不放，前景色将在此点淤积，直至释放鼠标。

### 2. 认识"画笔"面板

使用画笔之所以能够绘制出丰富、逼真的图像效果，很大原因在于其具有强大的"画笔"面板，它能够通过控制画笔的参数，获得丰富的画笔效果。

选择"窗口"→"画笔"命令或按"F5"键，弹出如图 8-55 所示的"画笔"面板。

下面对"画笔"面板中各区域的作用进行简单介绍。

画笔预设：单击"画笔预设"选项，可以在面板右侧的画笔列表框中单击选择所需要的画笔形状。

动态参数区：在该区域中列出了可以设置动态参数的选项，其中包含"画笔笔尖形状""形状动态""散布""纹理""双重画笔""颜色动态"和"传递"选项。

附加参数区：在该区域中列出了一些选项，选择它们可以为画笔增加杂色及湿边等效果。

预览区：在该区域可以看到根据当前的画笔属性而生成的预览图。

画笔选择框：该区域在选择"画笔笔尖形状"选项时出现，在该区域中可以选择要用于绘图的画笔。

参数区：该区域中列出了与当前所选的动态参数相对应的参数，在选择不同的选项时，该区域所列的参数也不相同。

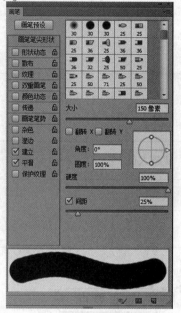

图 8-55 "画笔"面板

创建新画笔按钮：单击该按钮，在弹出的对话框中单击"确定"按钮，按当前所选画笔的参数创建一个新画笔。

删除画笔按钮：在选择"画笔预设"选项的情况下，选择了一个画笔后，该按钮就会被激活，单击该按钮，在弹出的对话框中单击"确定"按钮即可将该画笔删除。

## 8.3.2 学习画笔动态参数

### 1. 画笔预设

单击"画笔预设"选项卡后，"画笔预设"面板如图 8-56 所示。这里相当于是所有画笔的一个控制台，可以利用描边缩览图显示方式方便地观看画笔描边效果，或对画笔进行重命名、删除等操作。拖动画笔形状列表框下面的"大小"滑块还可以调节画笔的直径。

## 2. 画笔笔尖形状

单击"画笔"面板中的"画笔笔尖形状"选项,显示如图8-57所示的"画笔"面板,在此可以设置当前画笔的基本属性,其中包括画笔的"大小""圆度""间距"等参数。

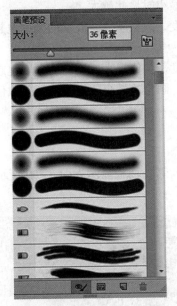

图8-56 "画笔预设"面板

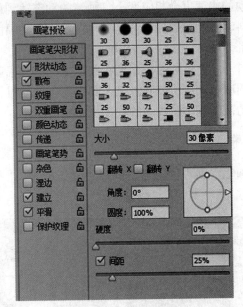

图8-57 "画笔"面板

**大小**:在此文本框中输入数值或者调整滑块,可以设置画笔的大小。数值越大,画笔直径越大。

**翻转X、翻转Y**:选择这两个选项后,画笔方向将作水平翻转或者垂直翻转。

**角度**:在该文本框中直接输入数值,则可以设置画笔旋转的角度。

**圆度**:在此文本框中输入数值,可以设置画笔的圆度。数值越大,画笔越趋向于正圆或者画笔在定义时所具有的比例。

**硬度**:当在"画笔笔尖形状"列表框中选择椭圆形画笔笔尖时,此选项才被激活。在此文本框中输入数值或者调整滑块,可以设置画笔边缘的硬度。数值越大,笔尖的边缘越清晰,数值越小,边缘越柔和。

**间距**:在此文本框中输入数值或者调整滑块,可以设置绘图时组成线段的两点间的距离。数值越大间距越大。将画笔的间距设置为足够大的数值,则可以得到点线效果。

## 3. 形状动态

"画笔"面板选项区的选项包括"形状动态""散布""纹理""双重画笔""颜色动态""传递"等,配合各种参数即可得到非常丰富的画笔效果。

在"画笔"面板中勾选"形状动态"复选框时,"画笔"面板显示如图8-58所示。

**大小抖动**:此参数控制画笔笔尖在绘制过程中尺寸的波动幅度。数值越大,波动的幅度越大。

**控制**:在此下拉菜单中包括了用于控制画笔笔尖波动方式的参数,即"关""渐隐"

"钢笔压力""钢笔斜度""光笔轮"。若选择"渐隐",将激活其右侧的文本框,在此可以输入数值以改变画笔笔尖渐隐的步长。数值越大,画笔消失的速度越慢,因此其描绘的线段越长。

最小直径:此数值控制在尺寸发生波动时画笔的最小尺寸。数值越大,发生波动的范围越小,波动的幅度也会相应变小,画笔的动态达到最小时尺寸越大。

角度抖动:此参数控制画笔在角度上的波动幅度。数值越大,波动的幅度也越大,画笔显得越紊乱。

圆度抖动:此参数控制画笔在圆度上的波动幅度。数值越大,波动的幅度也越大。

最小圆度:此数值控制画笔在圆度发生波动时,画笔的最小圆度尺寸值。数值越大,则发生波动的范围越小,波动的幅度也会相应变小。

### 4. 散布

在"画笔"面板中勾选"散布"复选框时,"画笔"面板显示如图 8-59 所示。其中可以设置"散布""数量""数量抖动"等参数。

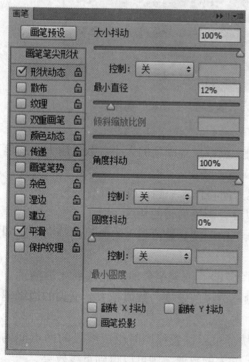

图 8-58 "画笔"面板的"形状动态"选项

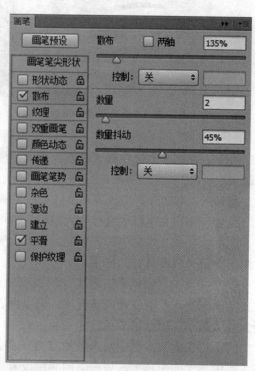

图 8-59 "画笔"面板的"散布"选项

散布:此参数控制画笔偏离时使用画笔绘制的笔画的偏离程度。

两轴:选择此选项,画笔点在 X 和 Y 两个轴向上发生分散。

数量:此参数控制笔画上画笔点的数量。数值越大,构成画笔笔画的点越多。

数量抖动:此参数控制在绘制的笔画中画笔点数量的波动幅度。数值越大,得到的笔画中画笔的数量抖动幅度越大。

## 5. 纹理

在"画笔"面板的参数区勾选"纹理"复选框，可以在绘制时对当前选择的笔刷应用某种纹理，从而在绘制的过程中得到纹理效果。在此复选框被选中的情况下，"画笔"面板如图 8-60 所示。

勾选"纹理"复选框时的"画笔"面板中的重要参数解释如下。

选择纹理：要使用此效果，必须先在面板上方的纹理选择下拉列表中选择合适的纹理。

缩放：拖动滑块或在文本框中输入数值，可以定义所使用的纹理的缩放比例。

模式：在此可以从预设模式中选择其中的某一种，作为纹理与笔刷的叠加模式。

深度：此参数用于设置所使用的纹理显示时的浓度，此数值越大则纹理的显示效果越好，反之，纹理效果越不明显。

深度抖动：此参数用于设置纹理显示浓淡度的波动程度，此数值越大则波动幅度也越大。

最小深度：此参数用于设置纹理显示时的最浅浓度，此参数越大则纹理显示效果的波动幅度越小。

## 6. 双重画笔

在"画笔"面板中勾选"双重画笔"复选框时，"画笔"面板如图 8-61 所示，选择此选项可以在原笔刷中填充另一种笔刷效果。

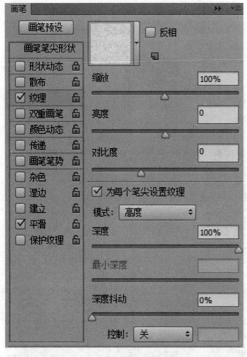

图 8-60 "画笔"面板的"纹理"选项

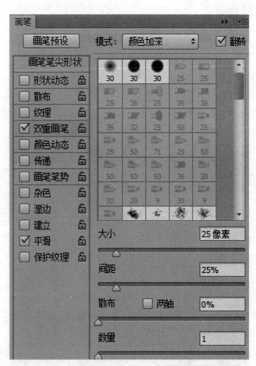

图 8-61 "画笔"面板的"双重画笔"选项

其中的参数和以上所讲的很多参数相同，例如"大小"选项用于控制叠加笔刷的大小；

"间距"选项用于控制叠加笔刷的间距;"散布"选项用于控制叠加笔刷偏离绘制线条的距离;"数量"选项用于控制叠加笔刷的数量。

### 7. 颜色动态

在"画笔"面板中勾选"颜色动态"复选框,如图 8-62 所示,选择此选项可以动态改变笔刷颜色效果。勾选"颜色动态"复选框时的"画笔"面板中重要参数解释如下。

前景/背景抖动:在此输入数值或拖动滑块,可以在应用笔刷时控制笔刷的颜色变化情况。数值越大笔刷的颜色发生随机变化时,越接近于背景色;反之,数值越小笔刷的颜色发生随机变化时,越接近于前景色。

色相抖动:此选项用于控制笔刷色调的随机效果,数值越大笔刷的色调发生随机变化时,越接近于背景色色调;反之,数值越小笔刷的色调发生随机变化时,越接近于前景色。

饱和度抖动:此选项用于控制笔刷饱和度的随机效果,数值越大笔刷的饱和度发生随机变化时,越接近于背景色的饱和度。

亮度抖动:此选项用于控制笔刷亮度的随机效果,数值越大笔刷的亮度发生随机变化时,越接近于背景色色调,反之,数值越小笔刷的亮度发生随机变化时,越接近于前景色亮度。

纯度:在此输入数值或拖动滑块,可以控制笔画的纯度。

### 8. 传递

在"画笔"面板中勾选"传递"复选框,如图 8-63 所示,选择此选项可以动态改变画笔颜色效果。

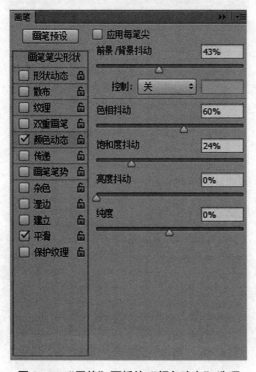
图 8-62 "画笔"面板的"颜色动态"选项

图 8-63 "画笔"面板的"传递"选项

不透明度抖动：在此输入数值或拖动滑块，可以在应用笔刷时，控制笔刷的不透明变化情况。

流量抖动：此选项用于控制笔刷速度的变化情况。

### 9. 画笔笔势

Photoshop 中越来越重视对于压感工具的支持，画笔笔势可用于调整毛刷画笔笔尖、侵蚀画笔笔尖的角度，可以调整出更多笔势变化的笔迹效果。

通过对笔势参数的设置，可以对画笔的倾斜角度、旋转角度，以及画笔压力进行重新定义，这使得我们在使用压感设备有了更为灵活多样的设置。但是，如果没有压感设备，那么这些功能恐怕就无法使用了。

倾斜 X：使画笔笔尖沿着 X 轴倾斜。

覆盖倾斜 X：选中该选项后，覆盖光笔倾斜 X 的数据，当使用绘图板时光笔倾斜效果将以设置的为准。

倾斜 Y：使画笔笔尖沿着 Y 轴倾斜。

覆盖倾斜 Y：选中该选项后，覆盖光笔倾斜 Y 的数据，当使用绘图板时光笔倾斜效果将以设置的为准。

旋转：可以设置画笔笔尖旋转效果。

覆盖旋转：选中该选项后，覆盖光笔旋转的数据，当使用绘图板时光笔倾斜效果将以设置的为准。

压力：压力值越高，绘制速度越快，线条效果越粗犷。

覆盖压力：选中该选项后，覆盖光笔压力的数据，当使用绘图板时光笔倾斜效果将以设置的为准。

### 10. 附加参数

在该参数区域中，选择适当的选项可以创建出一些特殊效果，下面将分别讲解各个选项的作用。

杂色：选择该选项时，画笔边缘越柔和，杂色效果就越明显，也就是当画笔"硬度"值为 0% 时杂色效果最明显，"硬度"值为 100% 时效果最不明显。

湿边：选择该选项后，在进行绘图时将沿着画笔的边缘增加油彩量，从而创建出水彩画的效果。

平滑：选择该选项后，在绘图过程中可能产生较平滑的曲线，尤其在使用压感笔的时候，选择该选项得到的平滑效果更为明显，但需要注意，此时可能会出现轻微的滞后。

保护纹理：选择该选项后，将对所有具有纹理的画笔预设应用相同的图案和比例。选择此选项后，在使用多个纹理画笔笔尖绘画时，可以模拟出一致的画布纹理。

## 8.3.3 创建自定义画笔

在实际工作过程中"画笔"面板所列的笔刷远远不能满足各种不同任务的需要，因此必须掌握创建新笔刷的方法。

定义笔刷的方法非常灵活，只需绘制所需要的笔刷形状，然后将其用任何一种选择工具选中，然后选择"编辑"→"定义画笔预设"命令即可。

例如，选择图像，在将其使用快速选择工具选中后，选择"编辑"→"定义画笔预设"命令，将弹出"画笔名称"对话框，输入名称后单击"确定"按钮即可在"画笔"面板中找到使用此图像定义的笔刷。在"画笔"面板中对这个笔刷的笔尖形状做"形状动态""散布"设置，新建图层，设置前景色为红色，然后使用画笔工具在图层上进行绘制，如图8-64所示。

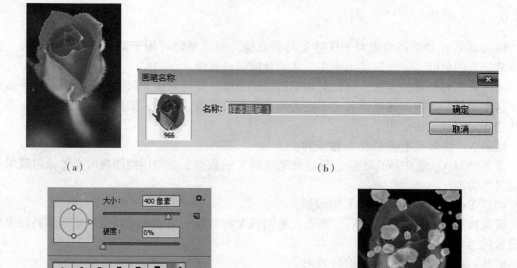

图 8-64　创建自定义画笔

（a）使用快速选择工具选择图像；（b）"画笔名称"对话框；（c）定义的画笔笔刷；（d）新画笔笔刷绘制效果

# 实训任务四　秘密花园

任务清单8-4　秘密花园涉及的基本操作

| 项目名称 | 任务清单内容 |
| --- | --- |
| 任务情境 | Mary经过这段时间的学习，对图像合成和图像编辑越来越感兴趣，她找到了一张婚纱照片，想给单色背景的照片换一个好看的背景，但她发现图像抠出来以后带有原来灰色的背景，合成效果既虚假又不美观。你们有什么好办法吗？ |
| 任务目标 | （1）应用通道工具制作选区；<br>（2）结合调色工具对通道进行编辑；<br>（3）应用加深、减淡工具对图像进行处理。 |
| 任务要求 | 请根据任务情境，通过知识点学习，完成以下任务：<br>（1）使用通道抠图，理解通道抠图的原理；<br>（2）应用调色工具对图像进行处理。 |

续表

| 项目名称 | 任务清单内容 |
|---|---|
| 任务思考 | （1）通道是什么？<br>（2）通道抠图的思路是什么？<br>（3）色阶命令的应用方法是什么？ |
| 任务实施 | （1）打开"婚纱"素材、"秘密花园"图像文件，切换到婚纱素材。<br>（2）在"图层"面板中单击"通道"选项卡，切换到"通道"面板，选中红通道后右键单击，复制通道，复制出红副本通道，隐藏其他通道，显示红副本，如图8-65所示。<br>（3）按"Ctrl"+"L"组合键打开色阶，调整色阶，如图8-66所示。<br> <br>图8-65 红副本通道　　　　　图8-66 调整色阶<br>（4）选择画笔工具，调整画笔硬度为0，笔尖大小为23，颜色为白色。在红副本通道上进行涂抹，如图8-67所示。<br>（5）按住"Ctrl"+"+"组合键放大图像，配合空格键平移图像，用画笔在图像头发、脸部、胳膊以及身体部分进行涂抹，注意婚纱透明部分不要涂抹。<br>（6）选中减淡工具，在工具栏中切换为高光，利用画笔在人物身上除透明婚纱以外的部分进行涂抹，直到涂抹为纯白色，再用加深工具，选择阴影，对图像深色背景部分进行涂抹，直到涂抹为黑色，尤其是脚下部分，编辑"红副本"通道完成效果如图8-68所示。<br> <br>图8-67 用画笔工具涂抹　　　图8-68 用减淡工具、加深工具<br>　　　　红副本通道　　　　　　　　　编辑红副本通道<br>（7）按"Ctrl"键单击红副本通道缩览图，单击RGB通道，切换回"图层"面板，按"Ctrl"+"J"组合键复制选区到新图层，隐藏背景层，抠出的人物图像如图8-69所示。 |

续表

| 项目名称 | 任务清单内容 |
|---|---|
| 任务实施 | （8）用移动工具拖动"图层1"到"秘密花园"文件中释放，按"Ctrl"+"T"组合键调整图像大小。<br>（9）选择"文件"→"存储为"命令，存储为"秘密花园完成.psd"，效果如图8-70所示。  <br><br>图8-69　抠出人物图像　　　图8-70　"秘密花园完成"效果 |
| 任务总结 | |
| 实施人员 | |
| 任务点评 | |

## 8.4.1 通道

### 1. 通道的概念

在Photoshop中通道是非常独特的，它不像图层那样容易上手。通道是由分色印刷的印版概念演变而来的。例如，我们在生活中司空见惯的五颜六色的彩色印刷品，其实在其印刷的过程中仅仅用了四种颜色。从印刷的角度来说通道实际上是一个单一色彩的平面，它是基于色彩模式这一基础上衍生出的简化操作工具。譬如说，一幅RGB三原色固有三个默认通道：Red（红）、Green（绿）、Blue（蓝）。但如果是一幅CMYK图像，就有了四个默认通道：Cyan（蓝绿）、Magenta（紫红）、Yellow（黄）、Black（黑）。

## 2. 通道的作用

在图像的通道中，记录了图像的大部分信息，这些信息从始至终与各种操作密切相关，具体看起来，通道的作用主要为以下几点。

（1）表示选择区域。通道中白色的部分表示被选择的区域，黑色部分表示没有选中。利用通道，一般可以建立精确选区。

（2）表示墨水强度。利用信息面板可以体会到这一点，不同的通道都可以用 256 级灰度来表示不同的亮度。在 R 通道里的一个纯红色的点，在黑色的通道上显示就是纯黑色，即亮度为 0。

（3）表示不透明度。

（4）表示颜色信息。例如预览 Red 通道，无论鼠标怎样移动，信息面板上都仅有 R 值，其余的都为 0。

## 3. 通道的类型

通道作为图像的组成部分，与图像的格式密不可分，图像颜色、格式的不同决定了通道的数量和模式，在"通道"面板中可以直观地看到。在 Photoshop 中涉及的通道主要有以下几类。

（1）复合通道：复合通道不包含任何信息，实际上它只是同时预览并编辑所有颜色通道的一个快捷方式。它通常被用来在单独编辑完一个或多个颜色通道后使"通道"面板返回到它的默认状态。对于不同模式的图像，其通道的数量是不一样的。在 Photoshop 之中，通道涉及三个模式。对于一幅 RGB 图像，有 RGB、R、G、B 四个通道；对于一幅 CMYK 图像，有 CMYK、C、M、Y、K 五个通道；对于一幅 Lab 模式的图像，有 Lab、L、a、b 四个通道。

（2）颜色通道：在 Photoshop 中编辑图像时，实际上就是在编辑颜色通道。这些通道把图像分解成一个或多个色彩成分，图像的模式决定了颜色通道的数量，RGB 模式有 3 个颜色通道，CMYK 图像有 4 个颜色通道，位图色彩模式、灰度模式和索引色彩模式只有 1 个颜色通道，它们包含了所有将被打印或显示的颜色。

（3）专色通道：专色通道是一种特殊的颜色通道，它指的是印刷上想要对印刷物加上一种专门颜色（如银色、金色等），它可以使用除了青色、洋红、黄色、黑色以外的颜色来绘制图像。专色在输出时必须占用一个通道，psd、tiff 等文件格式可保留专色通道。专色通道一般人用得较少且多与印刷相关。

（4）Alpha 通道：Alpha 通道是计算机图形学中的术语，指的是特别的通道。有时，它特指透明信息，但通常的意思是"非彩色"通道。这是我们真正需要了解的通道，可以说，我们在 Photoshop 中制作出的各种特殊效果都离不开 Alpha 通道，它最基本的用处在于保存选取范围，并不会影响图像的显示和印刷效果。

（5）单色通道：这种通道的产生比较特别，也可以说是非正常的。如果在"通道"面板中随便删除其中一个通道，所有的通道都会变成"黑白"的，原有的彩色通道即使不删除也变成灰度的了。这就是单色通道。

### 8.4.2 "通道"面板

使用"通道"面板可以创建、管理上述所有类型的通道，并可直观地查看通道的编辑效果。"通道"面板是通道的管理中枢，其重要意义不言而喻。

选择"窗口"→"通道"命令，弹出如图8-71所示的"通道"面板，在此面板中列出了图像所有的通道。与"图层"面板相同，每一个通道中对应的通道内容缩览图显示于通道名称的左侧，在编辑通道时缩览图可以自动更新。

"通道"面板中各个按钮的含义如下：

单击"将通道作为选区载入"按钮，可以调出当前通道所保存的选区。

在当前图像存在选区的状态下，单击"将选区存储为通道"按钮，可以将当前选区保存为通道。

图8-71 "通道"面板

单击"创建新通道"按钮，可创建一个新的通道。

单击"删除当前通道"按钮，可删除当前选择的通道。

### 8.4.3 Alpha通道的基础操作

**1. 创建Alpha通道**

按住"Alt"键的同时单击"创建新通道"按钮或选择"通道"面板弹出菜单中的"新建通道"命令，均会弹出如图8-72所示的"新建通道"对话框。

名称：在此文本框中输入新通道的名称。

被蒙版区域：单击此单选按钮，新建的通道显示为黑色，利用白色在通道中绘图，白色区域则成为对应的选区。

所选区域：单击此单选按钮，新建的通道显示为白色，利用黑色在通道中绘图，黑色区域为对应的选区。

颜色：单击其下的颜色框，在弹出的"选择通道颜色"对话框中指定快速蒙版的颜色。

不透明度：在此指定快速蒙版显示的不透明度。

**2. 复制通道**

在"通道"面板中选择单个颜色通道或Alpha通道时，在面板弹出菜单中选择"复制通道"命令，将弹出如图8-73所示的对话框，通过设置此对话框可以在同一图像中复制通道或将通道复制成为一个新的图像文件。

图8-72 "新建通道"对话框

图8-73 "复制通道"对话框

"复制通道"对话框中的重要参数解释如下：

复制：其后显示所复制的通道名称。

为：在此输入复制得到的通道名称，默认为当前"通道名称副本"。

文档：在此下拉列表框中选择复制通道的存放位置。选择"新建"选项，由复制的通道生成一个多通道模式新文件。也可以将一个通道直接拖动到"创建新通道"按钮 上以对其进行复制。

### 3. 删除通道

要删除通道可在"通道"面板弹出菜单中选择"删除通道"命令，也可以直接将要删除的通道拖动到"删除当前通道"按钮 将其删除。

### 4. 从选区创建相同形状的 Alpha 通道

可将选区储存为 Alpha 通道，以方便在以后的操作中调用通道所保存的选区，或通过对通道的操作来得到新的选区。

要将选区直接保存为具有相同形状的 Alpha 通道，可以在选区存在的情况下，单击面板下面的"将选区存储为通道"按钮 ，则该选择区域自动保存为新的 Alpha 通道，如图 8-74 所示。

仔细观察 Alpha 通道可以看出，通道中白色部分对应的正是用户创建的选择区域，而黑色则对应于非选择区域。

如果在通道中除了黑色与白色外出现了灰色柔和边缘，则表明是具有羽化值的选择区域保存成了相对应的通道。在此状态下 Alpha 通道中的灰色区域代表部分选择，换言之即具有羽化值的选择区域。

图 8-74 从选区创建相同形状的 Alpha 通道

### 5. 保存选区为 Alpha 通道并同时运算

选择"选择"→"存储选区"命令也可以将选区保存为 Alpha 通道，不同的是，选择此命令将弹出支持选区与 Alpha 通道间进行运算的"存储选区"对话框，如图 8-75 所示。通过设置此对话框中的选区，可以在选区与 Alpha 通道间进行运算，得到形状更为复杂的通道。

图 8-75 "存储选区"对话框

"存储选区"对话框中各参数的含义如下。

文档：此下拉列表框中显示了已打开的尺寸大小与当前操作图像文件相同的图像文件的名称，选择这些文件名称可以将选区保存在该图像文件中。如果在下拉列表框中选择"新建"命令，则可以将选区保存在一个新文件中。

通道：此下拉列表框中列出了当前文件已存在 Alpha 通道的名称及新建选项。如果选择已存在的通道，则可以替换该 Alpha 通道所保存的选区；选择"新建"命令则可以创建一个新 Alpha 通道。

名称：在此输入文字可命名新通道的名称。

新建通道：选择该项，当前选区被保存为一个新通道。如果在"通道"下拉列表框中选择一个已存在的 Alpha 通道，新通道选项将转换为"替换通道"选项，选择此选项可以用当前选区生成的新通道替换所选择的 Alpha 通道。

添加到通道：当在"通道"下拉列表框中选择一个已存在的 Alpha 通道时，此选项可被激活。选择此项可以在原 Alpha 通道中添加当前选区所定义的 Alpha 通道。

从通道中减去：在"通道"下拉列表框中选择一个已存在的 Alpha 通道时，此选项可被激活。选择此项可以在原 Alpha 通道的基础上减去当前选区所创建的通道，即在原通道中以黑色填充当前选区所确定的区域。

与通道交叉：在"通道"下拉列表框中选择一个已存在的 Alpha 通道时，此选项可被激活。选择该项可以得到原 Alpha 通道与当前选区所创建的 Alpha 通道的重叠区域。

### 8.4.4 加深与减淡工具

**1. 减淡工具**

减淡工具又被称为提亮工具，其用于提高图像局部的亮度，其工具选项栏如图 8-76 所示。

图 8-76 "减淡工具"选项栏

使用减淡工具的操作步骤如下：

（1）在工具箱中单击减淡工具，并在其工具选项条中选择合适的画笔大小，画笔越大，一次操作后加亮的图像区域也越大。

（2）在工具选项条中选择调整图像的色调范围，要调整图像的阴影可以在"范围"下拉列表框中选择"阴影"，要调整图像亮调可以选择"高光"；要调整图像的中色调可以选择"中间调"。

（3）在工具选项条中输入"曝光度"数值，以定义使用此工具操作时的亮化程度，此数值越大，亮化的效果越明显。

（4）使用此工具在图像中需要调亮的区域拖动即可。

如图 8-77 所示为对图像使用减淡工具操作前后的效果对比，可以看出处理后的刀刃显得十分锋利。

**2. 加深工具**

加深工具的操作方法与减淡工具一样，只是得到的效果完全相反，它可以将操作区域的图像变暗，其工具选项条也相同，在此不再赘述。

### 8.4.5 "色阶"命令

"色阶"命令可以调整图像的明暗度、中间色和对比度，是图像调整过程中使用最为频繁的命令之一。选择"图像"→"调整"→"色阶"命令，弹出如图 8-78 所示的对话框。

"色阶"对话框中各参数的含义如下：

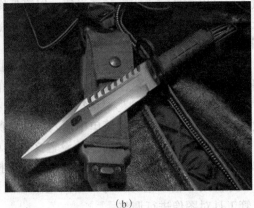

(a) (b)

图 8-77 减淡工具的使用
(a) 使用减淡工具前的效果；(b) 使用减淡工具后的效果

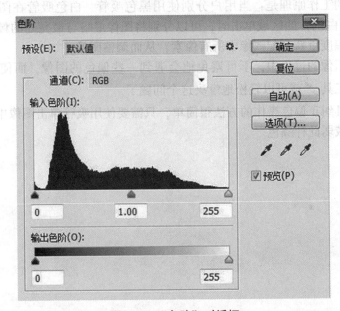

图 8-78 "色阶"对话框

通道：在该下拉列表中可以选择要调整的通道，在调整不同颜色模式的图像时，该下拉列表中的选项也不尽相同。例如在 RGB 模式的图像中，该下拉列表中显示"RGB""红""绿"和"蓝"4个。

选项：在灰度模式下，由于此时只有一个"灰色"通道，所以该下拉列表将不再提供任何选项。

输入色阶：分别拖动输入色阶直方图下面的黑、白、灰色滑块或在"输入色阶"文本框中输入数值，可以对应地改变照片的高光、中间调或阴影，从而增加图像的对比度。向左拖动白色滑块或灰色滑块，可以加亮图像；向右拖动黑色滑块或灰色滑块，可以使图像变暗。

输出色阶：拖动"输出色阶"下面的控制条上的滑块或在"输出色阶"文本框中输入

数值，可以重新定义阴影和高光值，以降低图像的对比度。其中向右拖动黑色滑块，可以降低图像暗部对比度，从而使图像变亮；向左拖动白色滑块，可以降低图像亮部对比度从而使图像变暗。

自动：单击"自动"按钮，将自动调整图像，其实质是将图像中最亮的像素变成白色，将最暗的像素变成黑色，使图像中的亮度分布更均匀，消除图像不正常的亮部与暗部像素。

如果需要将"色阶"对话框中的设置保存为设置文件，可以单击对话框右上方的"预设选项"按钮，在弹出的菜单中输入文件名称，以便在以后的工作中使用。

如果要调用"色阶"命令的设置文件，单击该对话框右上方的"载入预设"命令，在弹出的"载入"对话框中输入文件名称，选择文件。

除使用"输入色阶"与"输出色阶"对图像进行调整外，还可以使用对话框中的3个吸管工具对图像进行调整。

从左到右3个吸管依次为黑色吸管 ✏、灰色吸管 ✏ 和白色吸管 ✏，单击其中任一个吸管，然后将光标移到图像窗口中，光标将变成相应的吸管形状，单击即可完成色调调整。

黑、白吸管的工作原理是：当用户分别使用黑色吸管、白色吸管在图像的最暗与最亮（注意不是黑色与白色）的区域单击时，可以分别将图像最暗与最亮处的像素映射为黑色与白色，按改变的幅度重新分配图像中所有像素，从而调整图像。

在使用素材图像的过程中，不可避免地会遇到一些偏色的图像，而使用"色阶"对话框中的灰色吸管工具 ✏ 就可以轻松地解决这个问题了。

灰色吸管工具纠正偏色操作的方法很简单，只需要使用吸管单击图像中某种颜色，即可在图像中消除或减弱此种颜色。

**学习笔记**

# 项目九

## 滤镜特效

### 知识目标

- 掌握滤镜库的基本操作，会制作蜡笔画图像效果
- 掌握智能滤镜和风格化滤镜的基本操作，会制作水墨画图像效果
- 掌握其他滤镜和画笔描边滤镜的基本操作，会打造人物素描特殊效果
- 掌握模糊滤镜和杂色滤镜的基本操作，会使用高斯模糊和动感模糊
- 掌握液化滤镜的基本操作，会使用液化滤镜处理图像
- 掌握滤镜的基本操作，综合使用各种滤镜制作各种叠加效果

### 技能目标

- 能够熟练运用各种滤镜进行综合案例的制作
- 能够结合其他工具熟练制作各种案例

### 素质目标

- 培养学生依据案例熟练运用滤镜的基本素质
- 培养学生运用 Photoshop 滤镜特效制作的基本能力

# 实训任务一  蜡笔画效果

## 任务清单 9-1  蜡笔画的基本操作

| 项目名称 | 任务清单内容 |
| --- | --- |
| 任务情境 | 滤镜库是滤镜的重要组成部分，在"滤镜库"对话框中，不仅可以查看滤镜预览效果，而且能够设置多种滤镜效果的叠加。本任务将使用滤镜库及一些常见的滤镜效果进行处理，制作一幅带有磨砂质感的蜡笔画。 |
| 任务目标 | (1) 掌握滤镜库的基础知识；<br>(2) 熟悉滤镜库的工作界面；<br>(3) 熟练运用滤镜库完成简单的滤镜特效。 |
| 任务要求 | 请根据任务情境，通过知识点学习，完成以下任务：<br>(1) 了解滤镜库中有哪些常用滤镜；<br>(2) 了解滤镜库中十几种滤镜的功能与属性。 |
| 任务思考 | (1) 滤镜库中的滤镜与其他菜单中的滤镜有哪些区别？<br>(2) 滤镜库中滤镜叠加会产生什么不一样的效果？ |
| 任务实施 | (1) 首先在软件中打开素材图片。<br>(2) 执行"文件"→"存储为"命令，在弹出的对话框中以"案例蜡笔画效果.psd"保存图像。<br>(3) 按"Ctrl"+"J"组合键复制"背景"图层，得到"图层 1"。执行"滤镜"→"滤镜库"命令，弹出"滤镜库"对话框，如图 9-1 所示。 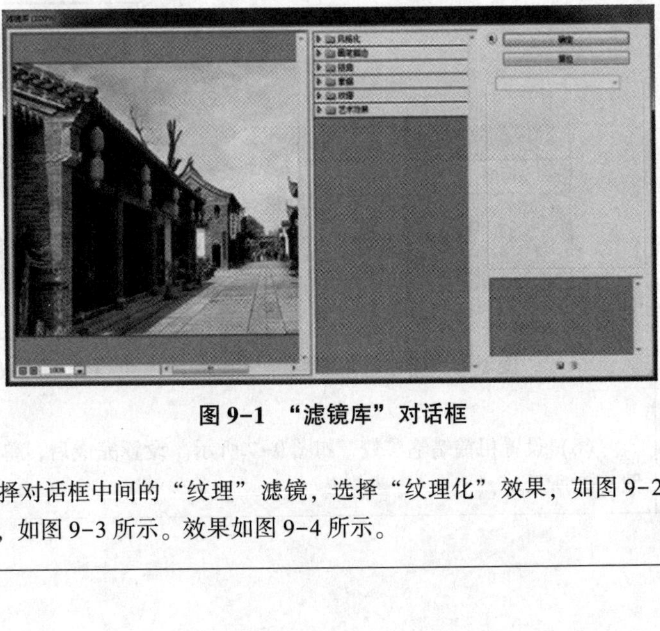<br><br>图 9-1 "滤镜库"对话框<br><br>(4) 选择对话框中间的"纹理"滤镜，选择"纹理化"效果，如图 9-2 所示，设置其右侧参数，如图 9-3 所示。效果如图 9-4 所示。 |

续表

| 项目名称 | 任务清单内容 |
| --- | --- |
| 任务实施 | 图 9-2 滤镜库纹理滤镜<br>图 9-3 参数设置　　　　　图 9-4 纹理滤镜效果<br>（5）单击"新建效果图层"按钮，创建一个新的效果图层，如图 9-5 所示。然后，选择"艺术效果"滤镜中的"粗糙蜡笔"选项，如图 9-6 所示。<br>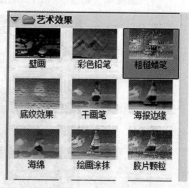<br>图 9-5 新建效果图层　　　　图 9-6 粗糙蜡笔<br>（6）设置粗糙蜡笔参数，如图 9-7 所示。设置完成后，单击"确定"按钮，效果如图 9-8 所示。 |

续表

| 项目名称 | 任务清单内容 |
|---|---|
| 任务实施 | 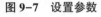<br>图 9-7　设置参数　　　　　　　　图 9-8　粗糙蜡笔效果<br><br>（7）按"Ctrl"+"U"组合键，弹出"色相/饱和度"对话框，选择"全图"下拉列表中的"黄色"模式，然后拖动滑块设置色相值，如图 9-9 所示。单击"确定"按钮，效果如图 9-10 所示。<br><br>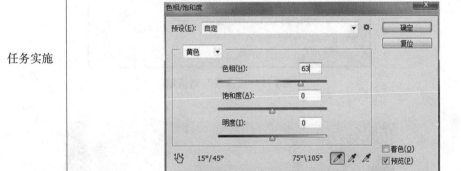<br>图 9-9　"色相/饱和度"对话框<br><br><br>图 9-10　调整效果 |

续表

| 项目名称 | 任务清单内容 |
| --- | --- |
| 任务实施 | （8）按"Ctrl"+"M"组合键，弹出"曲线"对话框，在"通道"下拉列表中选择"蓝"，拖动曲线向上弯曲，将该通道调亮，如图 9-11 所示。单击"确定"按钮，效果如图 9-12 所示。<br>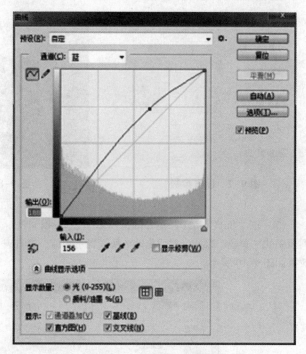<br>图 9-11 "曲线"对话框<br><br>图 9-12 调整效果<br>（9）再次按"Ctrl"+"M"组合键，弹出"曲线"对话框，在"通道"下拉列表中选择"绿"，拖动曲线向上弯曲，将该通道调亮，如图 9-13 所示。单击"确定"按钮，效果如图 9-14 所示。 |

续表

| 项目名称 | 任务清单内容 |
|---|---|
| 任务实施 | 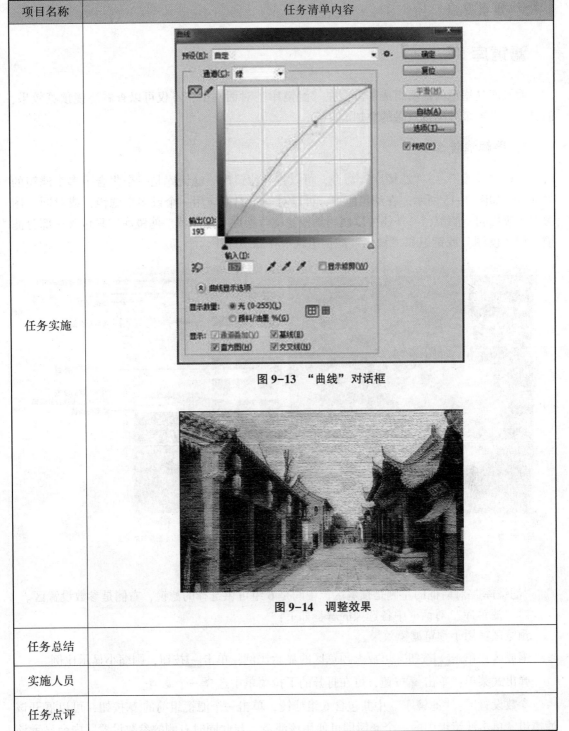<br>图 9-13 "曲线"对话框<br><br>图 9-14 调整效果 |
| 任务总结 | |
| 实施人员 | |
| 任务点评 | |

## 滤镜库

滤镜库是滤镜的重要组成部分,在"滤镜库"对话框中,不仅可以查看滤镜预览效果,而且能够设置多种滤镜效果的叠加。

### 1. 详解滤镜库

执行"滤镜"→"滤镜库"命令,可以打开滤镜库。滤镜库是一个集合了多个滤镜的对话框,如图 9-15 所示。在滤镜库中,可以对一张图像应用一个或多个滤镜,或对同一图像多次应用同一滤镜,另外还可以使用其他滤镜替换原有的滤镜。滤镜库中只包含一部分滤镜,如"模糊"滤镜组和"锐化"滤镜组就不在滤镜库中。

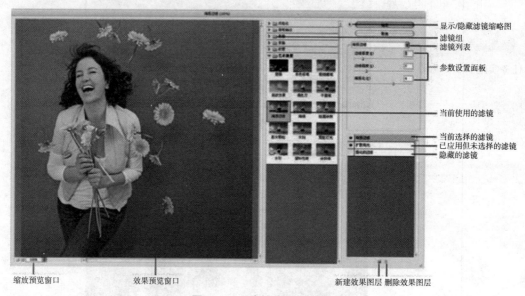

图 9-15 "滤镜库"对话框

"滤镜库"对话框的左侧是预览区,中间是 6 组可供选择的滤镜,右侧是参数设置区。
对"滤镜库"对话框中各选项的解释如下:
预览区:用于预览滤镜效果。
缩放区:单击 + 按钮,可放大预览区的显示比例,单击 - 按钮,则缩小显示比例。
弹出式菜单:单击 ▼ 按钮,可在打开的下拉菜单中选择一个滤镜。
参数设置区:"滤镜库"中共包含 6 组滤镜,单击一个滤镜组前的 ▷ 按钮,可以展开该滤镜组,单击滤镜组中的一个滤镜即可使用该滤镜,与此同时右侧的参数设置区内会显示该滤镜的参数选项。
当前使用的滤镜:显示了当前使用的滤镜。
效果图层:显示当前使用的滤镜列表,单击"指示效果图层可见性"图标 👁,可以隐藏或显示滤镜。

快捷图标：单击"新建效果图层"按钮，可以创建效果图层。添加效果图层后，可以选取要应用的其他滤镜，从而为图像添加两个或多个滤镜。单击"删除效果图层"按钮，可删除效果图层。

## 2. 使用滤镜库的方法

打开一张照片，对其执行"滤镜"→"滤镜库"命令。打开滤镜库，选择合适的滤镜组，然后单击相应的滤镜，在右侧的参数面板处可以调节参数，调整完成后单击"确定"按钮结束操作，如图9-16所示。同时可为图像添加多个滤镜。

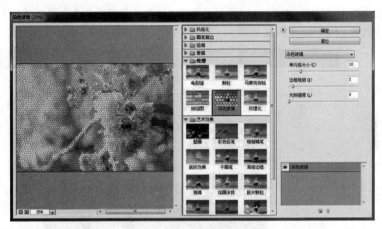

图 9-16　选择滤镜库中滤镜

# 实训任务二　水墨画效果

### 任务清单9-2　水墨画效果的基本操作

| 项目名称 | 任务清单内容 |
| --- | --- |
| 任务情境 | 　　Photoshop CC中提供了多种多样的滤镜，使用这些滤镜可以快捷地制作出具有梦幻色彩的艺术效果。本任务将综合使用智能滤镜以及"风格化"滤镜，制作一幅色彩浓郁的水墨画。 |
| 任务目标 | （1）掌握滤镜库中艺术效率滤镜下的水彩滤镜的使用方法；<br>（2）掌握"风格化"滤镜中等高线滤镜的使用方法；<br>（3）掌握滤镜与图层矢量蒙版相结合使用的方法。 |
| 任务要求 | 请根据任务情境，通过知识点学习，完成以下任务：<br>（1）能对风景画进行水墨画特效处理；<br>（2）对不同素材进行滤镜特效使用能产生不同的艺术效果。 |

续表

| 项目名称 | 任务清单内容 |
|---|---|
| 任务思考 | （1）不同的滤镜效果叠加会有什么意想不到的效果呢？<br>（2）哪些风景图片适合做出水墨画效果？ |
| 任务实施 | （1）打开素材图片。<br>（2）执行"文件"→"存储为"命令，在弹出的对话框中以名称"案例水墨画效果.psd"保存图像。<br>（3）按"Ctrl"+"J"组合键复制"背景"图层，得到"图层1"。<br>（4）选中"图层1"，选择画笔工具，在选项栏中选择一个柔和的画笔笔尖，并设置合适的不透明度，如图9-17所示。然后，设置前景色为蓝色，使用画笔工具将天空涂抹为蓝色，效果如图9-18所示。<br><br>图9-17　"画笔工具"选项栏<br><br>图9-18　涂抹天空后效果<br>（5）选中"图层1"，按"Ctrl"+"B"组合键，弹出"色彩平衡"对话框，拖动滑块调节图像的色彩平衡值，如图9-19所示。然后单击"确定"按钮，效果如图9-20所示。<br>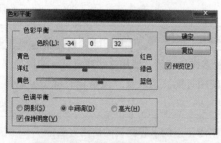　　<br>　图9-19　"色彩平衡"对话框　　　　　　图9-20　调整后效果<br>（6）选择套索工具，设置其选项栏中的"羽化"值为10像素，如图9-21所示。<br>图9-21　"套索工具"选项栏 |

续表

| 项目名称 | 任务清单内容 |
| --- | --- |
| 任务实施 | 然后，使用套索工具选取水面所在的选区，如图 9-22 所示。<br><br>图 9-22　选取水面效果<br><br>（7）按"Ctrl"+"M"组合键打开"曲线"对话框，在"通道"下拉列表中选择"蓝"，拖动曲线向上弯曲，如图 9-23 所示，单击"确定"按钮。然后按"Ctrl"+"D"组合键取消选区，效果如图 9-24 所示。<br>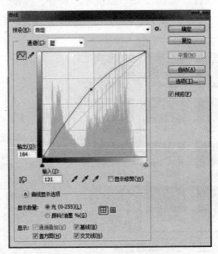<br>图 9-23　"曲线"对话框<br><br><br>图 9-24　调整后效果 |

续表

| 项目名称 | 任务清单内容 |
| --- | --- |
| 任务实施 | (8) 添加滤镜效果，按"Ctrl"+"J"组合键复制"图层1"，得到"图层1拷贝"图层，如图9-25所示。执行"滤镜"→"转换为智能滤镜"命令，将弹出提示框，单击"确定"按组即可把图层转换为智能对象，如图9-26所示。<br><br> <br>图 9-25　复制图层　　　　　　　图 9-26　转换为智能滤镜<br><br>(9) 执行"滤镜"→"滤镜库"命令，弹出"滤镜库"对话框。选择"艺术效果"滤镜下的"水彩"滤镜，如图9-27所示。设置其右侧参数，如图9-28所示。<br><br>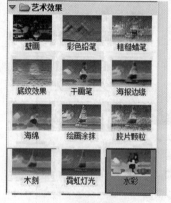 <br>图 9-27　水彩滤镜　　　　　　　图 9-28　设置参数<br><br>(10) 单击"新建效果图层"按钮，创建一个新的效果图层，如图9-29所示。选择"艺术效果"滤镜中的"粗糙蜡笔"滤镜，如图9-30所示。<br><br>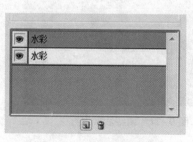 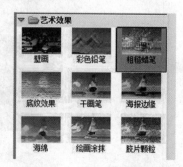<br>图 9-29　创建效果图层　　　　　图 9-30　"粗糙蜡笔"滤镜 |

续表

| 项目名称 | 任务清单内容 |
|---|---|
| 任务实施 | (11) 设置"粗糙蜡笔"参数，如图 9-31 所示。设置完成后，单击"确定"按钮，效果如图 9-32 所示。<br>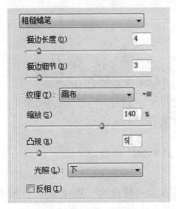 <br>图 9-31 设置参数　　　　　图 9-32 调整后效果图<br><br>(12) 选中"图层 1"，并将其置于顶层，如图 9-33 所示。执行"滤镜"→"风格化"→"等高线"命令，弹出"等高线"对话框，设置各项参数，如图 9-34 所示。然后单击"确定"按钮，效果如图 9-35 所示。<br> <br>图 9-33 图层置顶　　　　　图 9-34 "等高线"对话框<br><br><br>图 9-35 调整后效果图 |

续表

| 项目名称 | 任务清单内容 |
| --- | --- |
| 任务实施 | （13）选中"图层1"，按"Ctrl"+"Shift"+"U"组合键对图像进行去色操作，其效果如图9-36所示。<br><br><br>图9-36　去色<br><br>（14）在"图层"面板中设置图层的混合模式为"正片叠底"，效果如图9-37所示。<br><br><br>图9-37　调整后效果<br><br>（15）选中"图层1"，在"图层"面板中单击"添加矢量蒙版"按钮，给"图层1"添加蒙版，如图9-38所示。<br>（16）设置前景色为黑色，选择画笔工具，并设置合适的笔尖大小，涂抹图像中不需要的像素，如图9-39所示。<br><br> <br>图9-38　添加蒙版　　　　　　图9-39　涂抹后效果 |

续表

| 项目名称 | 任务清单内容 |
|---|---|
| 任务实施 | （17）选中"图层1拷贝"，并单击"图层1拷贝"下智能滤镜的缩览图，如图9-40所示。选择画笔工具，设置合适的笔尖大小，涂抹图像招牌上的文字和灯笼，使其变得清晰，完成的最终效果如图9-41所示。 <br><br>图 9-40　智能滤镜缩览图 　　　　图 9-41　最终效果 |
| 任务总结 | |
| 实施人员 | |
| 任务点评 | |

知识要点

## 9.2.1　智能滤镜

智能滤镜是一种非破坏性的滤镜，可以达到与普通滤镜完全相同的效果，但不会真正改变图像中的像素，并可以随时进行修改。

### 1. 转换为智能滤镜

选择应用智能滤镜的图层，如图9-42所示，执行"滤镜"→"转换为智能滤镜"命令，将该图层转换为智能对象，如图9-43所示。

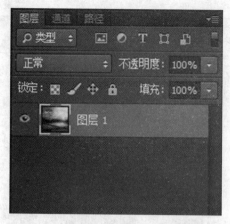

图 9-42 选择图层

图 9-43 转换为智能滤镜

然后选择相应的滤镜，应用后的滤镜会像图层样式一样显示在"图层"面板上，如图 9-44 所示。双击图层中的 图标，将弹出"混合选项（滤镜库）"对话框，用于设置滤镜效果选项，如图 9-45 所示。

图 9-44 选择图层滤镜

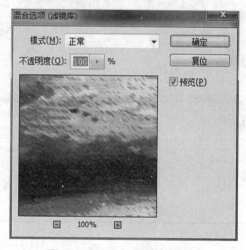

图 9-45 "混合选项"对话框

### 2. 重新排列智能滤镜

当对一个图层应用了多个智能滤镜后，通过在智能滤镜列表中上下拖动这些滤镜，可以重新排列它们的顺序，Photoshop 会按照由下而上的顺序应用滤镜，图像效果也会发生改变，如图 9-46、图 9-47 所示。

### 3. 遮盖智能滤镜

智能滤镜包含一个智能蒙版，编辑蒙版可以有选择性地遮盖智能滤镜，使滤镜只影响图像的一部分，如图9-48所示。智能蒙版操作原理与图层蒙版完全相同，即使用黑色来隐藏图像，白色来显示图像，而灰色则产生一种半透明效果，如图9-49所示。

图9-46 调整滤镜顺序（1）

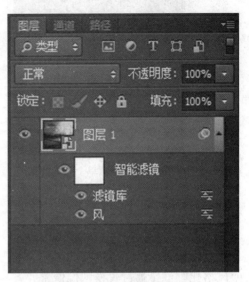

图9-47 调整滤镜顺序（2）

图9-48 智能蒙版

图9-49 智能蒙版效果图

### 4. 显示与隐藏智能滤镜

如果要隐藏单个滤镜，可以单击该智能滤镜旁边的眼睛图标 ◉，如图9-50所示。如果要隐藏应用于智能对象图层的所有智能滤镜，则单击智能滤镜智能蒙版旁边的眼睛图标 ◉（或者执行"图层"→"智能滤镜"→"停用智能滤镜"命令）。如果要重新显示智能滤镜，可在滤镜的眼睛图标 ◉ 处单击即可，如图9-51所示。

图 9-50 隐藏单个智能滤镜

图 9-51 显示智能滤镜

## 9.2.2 "风格化"滤镜

"风格化"滤镜通过置换图像像素并查找和增加图像中的对比度,产生各种不同的作画风格效果。此滤镜组中包括 9 种不同风格的滤镜。下面介绍常用的 2 个"风格化"滤镜。

### 1. "等高线"滤镜

"等高线"滤镜主要用于查找亮度区域的过渡,使其产生勾画边界的线高效果。打开素材图片,如图 9-52 所示。执行"滤镜"→"风格化"→"等高线"命令,将弹出"等高线"对话框。如图 9-53 所示。在该对话框中,"色阶"用于设置边缘线的色阶值;"边缘"用于设置图像边缘的位置,包括"较低"和"较高"两个选项。"等高线"滤镜效果如图 9-54 所示。

图 9-52 素材图片　　图 9-53 "等高线"对话框　　图 9-54 "等高线"滤镜效果

### 2. "风"滤镜

"风"滤镜可以使图像产生细小的水平线,以达到不同"风"的效果。打开素材图片,如图 9-55 所示。执行"滤镜"→"风格化"→"风"命令,将弹出"风"对话框。如图 9-56 所示。

在该对话框中,"方法"用于设置风的作用形式,包括"风""大风"和"飓风"3种形式。"方向"用于设置风源的方向,包括"从右"和"从左"两个方向。"风"滤镜效果如图9-57所示。

图9-55 素材图片　　　图9-56 "风"滤镜对话框　　　图9-57 "风"滤镜效果

# 实训任务三　人物素描效果

## 任务清单9-3　人物素描的基本操作

| 项目名称 | 任务清单内容 |
| --- | --- |
| 任务情境 | 滤镜不仅可以对图像中的像素进行操作,也可以模拟一些特殊的光照效果或带有装饰性的绘画艺术效果。<br>本任务将综合使用"画笔描边"滤镜及"其他"滤镜,制作一幅淡雅的素描画像。 |
| 任务目标 | (1) 掌握滤镜库的基本操作,会制作素描人物图像效果;<br>(2) 掌握其他滤镜的基本操作,会使用"最小值"滤镜;<br>(3) 掌握滤镜库中"画笔描边"滤镜的基本操作,会使用"深色线条"滤镜打造特殊效果;<br>(4) 掌握软件中快捷键和组合键的基本操作,会结合滤镜处理图像。 |
| 任务要求 | 请根据任务情境,通过知识点学习,完成以下任务:<br>(1) 能对人像照片进行素描特效处理;<br>(2) 尝试多种人像特效处理。 |
| 任务思考 | (1) 素描人像特效制作中根据不同的光影效果怎么调整滤镜参数?<br>(2) "最小值"滤镜还可以制作什么样的特殊效果? |
| 任务实施 | (1) 打开素材图片。<br>(2) 执行"文件"→"存储为"命令,在弹出的对话框中以名称"案例人物素描.psd"保存图像。<br>(3) 按"Ctrl"+"J"组合键,复制"背景"图层,得到"图层1"。按"Ctrl"+"Shift"+"U"组合键对图像进行去色操作,效果如图9-58所示。 |

| 项目名称 | 任务清单内容 |
|---|---|
| 任务实施 | （4）按"Ctrl"+"J"组合键复制"图层1"，得到"图层1副本"。按"Ctrl"+"I"组合键对图像进行反相操作，如图9-59所示。<br><br> <br>图9-58　去色　　　　　　　　　图9-59　反相<br><br>（5）选中"图层1副本"图层，在"图层"面板中设置图层的混合模式为"颜色减"，此时图层中的图像变得不可见，只显示白色背景。<br>（6）执行"滤镜"→"其他"→"最小值"命令，弹出"最小值"对话框，设置"半径"为2像素，如图9-60所示。单击"确定"按钮，效果如图9-61所示。<br><br><br>　　图9-60　"最小值"对话框　　　　　图9-61　最小值效果<br><br>（7）选中"图层1副本"图层，在"图层"面板中单击"添加图层样式"按钮，弹出"图层样式"对话框。选择"混合颜色带"选项，按住"Alt"键不放，拖动"下一图层"滑块，滑块变为两部分，如图9-62所示。单击"确定"按钮，效果如图9-63所示。<br><br>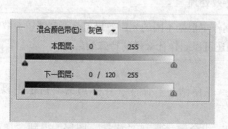 <br>图9-62　拖动"下一图层"滑块　　　图9-63　效果图 |

续表

| 项目名称 | 任务清单内容 |
|---|---|
| 任务实施 | （8）选中"图层1"和"图层1副本"图层，按"Ctrl"+"E"组合键将它们合并，得到默认名为"图层1副本"的新图层。<br>（9）按"Ctrl"+"J"组合键复制"图层1副本"图层，得到"图层1副本2"图层。执行"滤镜"→"滤镜库"命令，弹出"滤镜库"对话框，选择"画笔描边"滤镜组中的"深色线条"滤镜，如图9-64所示。设置其右侧参数，如图9-65所示。单击"确定"按钮，效果如图9-66所示。<br>（10）选中"图层1副本2"图层，在"图层"面板中设置图层的混合模式为"正片叠底"，效果如图9-67所示。<br>（11）选中"图层1副本2"图层，在"图层"面板中单击"添加矢量蒙版"按钮 为"图层1副本2"图层添加蒙版，如图9-68所示。<br>（12）设置前景色为黑色，选择画笔工具，并设置合适的笔尖大小，涂抹图像中人物的眼睛、鼻子等像素，使其变得清晰，效果如图9-69所示。<br><br>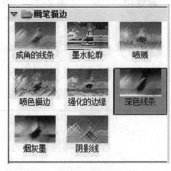 <br>图9-64 选择"深色线条"滤镜　　图9-65 设置参数<br><br> <br>图9-66 "深色线条"滤镜效果　　图9-67 "正片叠底"效果<br><br> <br>图9-68 添加矢量蒙版　　图9-69 涂抹后效果 |

续表

| 项目名称 | 任务清单内容 |
|---|---|
| 任务实施 | （13）按"Shift"+"Ctrl"+"Alt"+"E"组合键盖印所有可见图层，得到"图层1"。然后，按"Ctrl"+"B"组合键，将弹出"色彩平衡"对话框，拖动滑块调节图像的色彩平衡值，如图 9-70 所示。然后单击"确定"按钮，最终效果如图 9-71 所示。<br><br>图 9-70 "色彩平衡"对话框　　图 9-71 调整后效果 |
| 任务总结 | |
| 实施人员 | |
| 任务点评 | |

**知识要点**

## 9.3.1 其他滤镜（"最小值"滤镜）

其他滤镜可用来修饰蒙版、进行快速的色彩调整和在图像内移动选区，此滤镜组中包括 5 种不同风格的滤镜。下面介绍常用的"最小值"滤镜。

"最小值"滤镜可以向外扩展图像的黑色区域并向内收缩白色区域，从而产生模糊、暗化般的效果。打开素材图片，如图 9-72 所示。执行"滤镜"→"其他"→"最小值"命令，将弹出"最小值"对话框，如图 9-73 所示。在该对话框中，"半径"用来设置像素之间颜色过渡的半径区域。"最小值"滤镜效果如图 9-74 所示。

 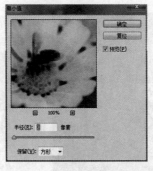 

图 9-72 素材图片　　图 9-73 "最小值"对话框　　图 9-74 "最小值"滤镜效果

## 9.3.2 "画笔描边"滤镜("深色线条"滤镜)

"画笔描边"滤镜使用画笔和油墨来产生特殊的绘画艺术效果,该滤镜组中包括8个滤镜。下面介绍常用的"深色线条"滤镜。

"深色线条"滤镜使用长的、白色的线条绘制图像中的亮区域;使用短的、密的线条绘制图像中与黑色相近的深色暗区域,从而使图像产生黑色阴影风格的效果。

打开素材图片,如图9-75所示,在"滤镜库"的"画笔描边"滤镜组中选择"深色线条"滤镜,并设置其参数,如图9-76所示,最终效果如图9-77所示。

图9-75 素材图片　　图9-76 设置参数　　图9-77 "深色线条"滤镜效果

# 实训任务四　木纹肌理效果

### 任务清单9-4　木纹肌理基本操作

| 项目名称 | 任务清单内容 |
| --- | --- |
| 任务情境 | 在前面几个任务中,我们可以通过滤镜对图片进行处理以得到一些特殊效果。值得一提的是,在实际应用中,滤镜还常常用于绘制一些纹理,例如木纹肌理、粗布纹理、皮革纹理等。本节将通过木纹肌理的绘制,使读者掌握常用的杂色滤镜与模糊滤镜。 |
| 任务目标 | (1) 掌握模糊滤镜和杂色滤镜的基本操作,会制作木纹肌理图像效果;<br>(2) 掌握模糊滤镜的基本操作,会使用常用的三种模糊滤镜;<br>(3) 掌握杂色滤镜的基本操作,会使用添加滤镜打造特殊效果;<br>(4) 掌握液化滤镜的基本操作,会结合其他滤镜处理图像。 |
| 任务要求 | 请根据任务情境,通过知识点学习,完成以下任务:<br>(1) 掌握杂色滤镜适合应用到哪些特殊效果中。<br>(2) 学会使用液化滤镜进行人像的特效制作。 |
| 任务思考 | (1) 液化滤镜还有哪些用处?<br>(2) 模糊滤镜还可以应用到哪些特效中? |

续表

| 项目名称 | 任务清单内容 |
| --- | --- |
| 任务实施 | 1. 制作横纹效果<br>（1）按"Ctrl"+"N"组合键，弹出"新建"对话框，设置"宽度"为600像素、"高度"为300像素、"分辨率"为72像素英寸、"颜色模式"为RGB颜色、"背景内容"为白色，单击"确定"按钮，完成画布的创建。<br>（2）执行"文件"→"存储为"命令，在弹出的对话框中以名称"案例木纹肌理.psd"保存图像。<br>（3）执行"滤镜"→"杂色"→"添加杂色"命令，弹出"添加杂色"对话框，如图9-78所示。设置"数量"为100%、"分布"为高斯分布，勾选"单色"复选框，如图9-78所示，然后单击"确定"按钮，"添加杂色"效果如图9-79所示。<br> <br>图9-78 "添加杂色"对话框　　　　图9-79 "添加杂色"效果<br>（4）执行"滤镜"→"模糊"→"动感模糊"命令，弹出"动感模糊"对话框，设置"角度"为0°、"距离"为2 000像素，如图9-80所示。单击"确定"按钮，效果如图9-81所示。<br>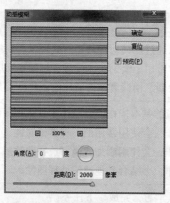 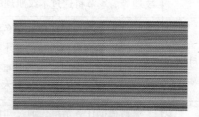<br>图9-80 "动感模糊"对话框　　　　图9-81 "动感模糊"效果<br>2. 制作木纹肌理<br>（1）执行"滤镜"→"液化"命令，弹出"液化"对话框，设置"画笔大小"为"300"，"画笔压力"为"100"。然后，在液化对话框中间的预览视图中进行涂抹，效果如图9-82所示。 |

续表

| 项目名称 | 任务清单内容 |
|---|---|
| 任务实施 | （2）设置"画笔大小"为"200"、"画笔压力"为"100"，再次在"液化"对话框中间的预览视图中进行涂抹，效果如图9-83所示。<br>（3）设置"画笔大小"为"50"、"画笔压力"为"70"，在"液化"对话框中间的预览视图中进行涂抹，效果如图9-84所示。 <br><br>图9-82 "液化"效果（1） 　　图9-83 "液化"效果（2） 　　图9-84 "液化"效果（3）<br><br>3. 添加木纹颜色<br>（1）按"Ctrl"+"Shift"+"Alt"+"N"组合键，新建"图层1"。设置前景色为棕黄色（RCB：94、49、4），按"Alt"+"Delete"组合键为"图层1"填充棕黄色。<br>（2）在"图层"面板中，设置"图层1"图层混合模式为"颜色"。效果如图9-85所示。<br>（3）选择减淡工具，在选项栏中设置"笔刷大小"为80像素、"硬度"为0%、"笔尖形状"为柔边圆角、"范围"为中间调、"曝光度"为20%。<br>（4）将鼠标指针置于画布中，在"图层1"上按照纹理走向进行涂抹，为木纹添加亮部细节，效果如图9-86所示。<br>（5）选择加深工具，在选项栏中设置"笔刷大小"为100像素、"硬度"为0%、"笔尖形状"为柔边圆角、"范围"为中间调、"曝光度"为50%。<br>（6）将鼠标指针置于画布中，在"图层1"上按照纹理走向进行涂抹，为木纹添加暗部细节，效果如图9-87所示。 <br><br>图9-85 添加木纹颜色 　　图9-86 添加亮部细节 　　图9-87 添加暗部细节 |
| 任务总结 | |
| 实施人员 | |
| 任务点评 | |

## 9.4.1 杂色滤镜

杂色滤镜组中包含5种滤镜,它们可以添加或去除杂色,以创建特殊的图像效果。下面介绍常用的"添加杂色"滤镜。

执行"滤镜"→"杂色"→"添加杂色"命令,即可应用"添加杂色"滤镜,如图9-88所示。该滤镜可以在图像中添加一些细小的颗粒,以产生杂色效果,如图9-89所示。

对于"添加杂色"命令的对话框,其中的"数量""分布"及"单色"选项的解释如下。

数量:用于设置杂色的数量。

分布:用于设置杂色的分布方式。选中"平均分布"单选按钮,会随机地在图像中加入杂点,效果比较柔和;选中"高斯分布"单选按钮,会沿一条钟形曲线分布的方式来添加杂点,杂点较强烈。

单色:勾选该项,如图9-90所示,杂点只影响原有像素的亮度,像素的颜色不会改变。效果如图9-91所示。

图9-88 "添加杂色"对话框

图9-89 "添加杂色"效果(1)

图9-90 勾选"单色"复选框

图9-91 "添加杂色"效果(2)

## 9.4.2 模糊滤镜

模糊滤镜组中包含 14 种滤镜,它们可以柔化图像、降低相邻像素之间的对比度,使图像产生柔和、平滑的过渡效果。下面介绍常用的 3 个模糊滤镜。

### 1."高斯模糊"滤镜

"高斯模糊"滤镜可以使图像产生朦胧的雾化效果。打开素材图片,如图 9-92 所示。执行"滤镜"→"模糊"→"高斯模糊"命令,将弹出"高斯模糊"对话框,如图 9-93 所示。在"高斯模糊"对话框中,"半径"用于设置模糊的范围,数值越大,模糊效果越强烈。效果如图 9-94 所示。

图 9-92 素材文件　　图 9-93 "高斯模糊"对话框　　图 9-94 "高斯模糊"效果

### 2."动感模糊"滤镜

"动感模糊"滤镜可以使图像产生速度感效果,类似于给一个移动的对象拍照。打开素材图片,如图 9-95 所示。执行"滤镜"→"模糊"→"动感模糊"命令,将弹出"动感模糊"对话框,如图 9-96 所示。在"动感模糊"对话框中,"角度"用于设置模糊的方向,可拖动指针进行调整;"距离"用于设置像素移动的距离。效果如图 9-97 所示。

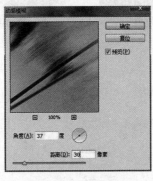

图 9-95 素材文件　　图 9-96 "动感模糊"对话框　　图 9-97 "动感模糊"效果

### 3. "径向模糊"滤镜

"径向模糊"滤镜可以模拟缩放或旋转的相机所产生的效果。打开素材图片,如图9-98所示。执行"滤镜"→"模糊"→"径向模糊"命令,将弹出"径向模糊"对话框,如图9-99所示。在"径向模糊"对话框中,"数量"用于设置模糊的强度,数值越大,模糊效果越强烈。

图9-98 素材文件

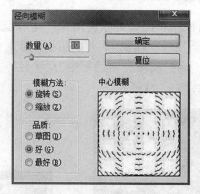

图9-99 "径向模糊"对话框

在"径向模糊"对话框中,"模糊方法"有"旋转"和"缩放"两种。其中,"旋转"是围绕一个中心形成旋转的模糊效果,如图9-100所示;"缩放"是以模糊中心向四周发射的模糊效果,如图9-101所示。

图9-100 旋转模糊效果

图9-101 缩放模糊效果

**学习笔记**

# 学习情境四

# 实战演练

# 项目十 实战演练

### 知识目标

- 复习 Photoshop 综合基础知识
- 复习 Photoshop 的图层功能
- 熟练掌握图层蒙版的使用方法
- 熟练掌握调整图层的使用方法
- 掌握钢笔工具绘制选区的方法
- 掌握利用图层特效制作物品倒影效果的操作

### 技能目标

- 能够熟练运用图层工具进行图像的合并
- 能够熟练运用图层蒙版工具完成图像合成操作

### 素质目标

- 培养学生依据任务需求进行图像处理的基本素质
- 培养学生运用 Photoshop 进行图像合成的基本能力
- 培养学生对辅助工具和移动、选区工具的运用能力

# 实训任务一　创意饮品广告

## 任务清单10-1　创意饮品广告的基本操作

| 项目名称 | 任务清单内容 |
| --- | --- |
| 任务情境 | 我们在看到网上效果超炫的图片时，自己也想学习一下利用Photoshop进行图像合成的方法。请大家在所掌握的基础知识基础上，灵活运用所学知识来实现综合知识点的合成操作，制作一个饮品的创意广告。 |
| 任务目标 | （1）熟练运用图层及图层蒙版的基础知识；<br>（2）熟练钢笔工具的灵活运用；<br>（3）熟练运用调整图层在综合案例中的合成操作。 |
| 任务要求 | 请根据任务情境，通过知识点学习，完成以下任务：<br>（1）能进行多个图层的分组整理；<br>（2）利用钢笔工具建立的路径再一次建立选区。 |
| 任务思考 | （1）怎么利用素材制作出想要的效果？<br>（2）Photoshop中最常用的图层叠加效果是哪个？<br>（3）通过这个综合案例的学习，你最大的收获是什么？ |
| 任务实施 | 第一部分：<br>（1）首先我们新建一个空白文件，设置参数如图10-1所示。 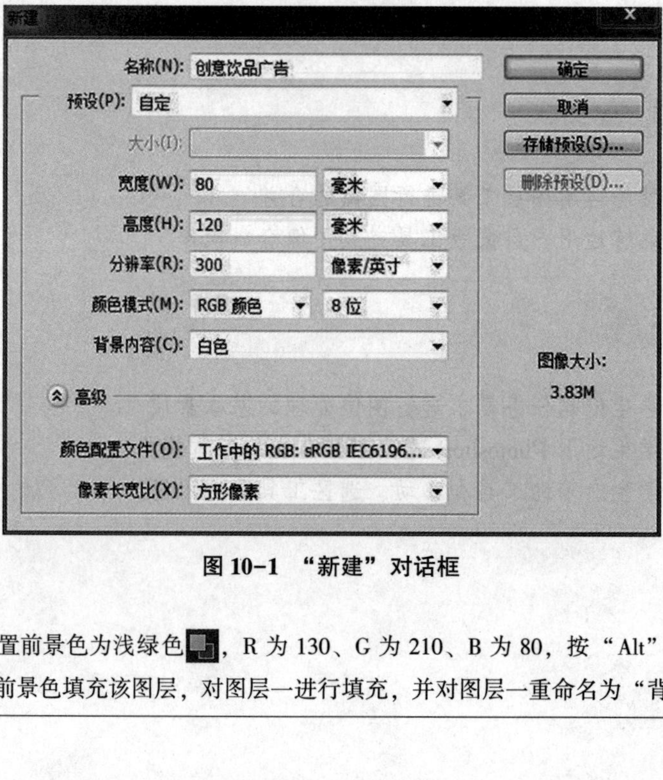<br><br>图10-1　"新建"对话框<br><br>（2）设置前景色为浅绿色，R为130、G为210、B为80，按"Alt"+"Delete"组合键使用前景色填充该图层，对图层一进行填充，并对图层一重命名为"背景"。 |

续表

| 项目名称 | 任务清单内容 |
| --- | --- |
| 任务实施 | （3）设备背景色为深绿色，R 为 6、G 为 145、B 为 25，使用圆形柔角的画笔工具，如图 10-2 所示。在四周绘制一些深绿色，制作出一个渐变的效果，如图 10-3 所示。<br><br>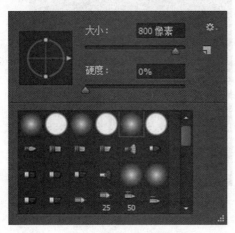 <br>图 10-2　画笔设置　　　　图 10-3　渐变效果<br><br>（4）打开光线素材文件 1，调整光线的位置。<br>（5）将新建图层命名为"黄色"，设置前景色为黄色，降低画笔的不透明度为 60% 左右，在画布的中心创建一些黄色的圆心，如图 10-4 所示。<br>（6）打开素材放射线文件 2，调整位置使其与黄色重合，如图 10-5 所示；更改图层混合模式为"滤色"；不透明度为 65% 左右。给该图层建立图层蒙版，设置前景色为黑色，在光线四周涂抹，使其更加自然，如图 10-6 所示。<br><br> <br>图 10-4　效果图　　　　图 10-5　调整位置 |

续表

| 项目名称 | 任务清单内容 |
| --- | --- |
| 任务实施 | <br>图 10-6　设置图层蒙版<br><br>（7）在画布的底部使用钢笔工具 ![pen] 绘制形状，如图 10-7 所示。绘制好后右键单击建立选区，设置如图 10-8 所示。弹出的"建立选区"对话框中"羽化半径"设为"0"，如图 10-9 所示。选区建好后效果如图 10-10 所示。<br><br><br>图 10-7　绘制形状　　　　　图 10-8　右键单击建立选区<br><br>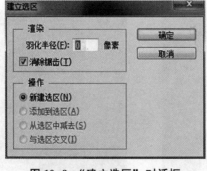　　<br>图 10-9　"建立选区"对话框　　　　图 10-10　效果图<br><br>（8）设置前景色为浅绿色，新建一个图层，命名为"浅绿色"，然后按"Alt"+"Delete"组合键使用前景色填充该图层。 |

续表

| 项目名称 | 任务清单内容 |
| --- | --- |
| 任务实施 | (9) 设置前景色为深绿色，再次重复建一个图层，命名为"深绿色"，然后按"Alt"+"Delete"组合键使用前景色填充该图层。把该图层下移，露出刚才建立的"浅绿色"图层。然后按"Ctrl"+"D"组合键取消选框，效果如图 10-11 所示。<br><br>图 10-11　效果图<br><br>(10) 复制"浅绿色"和"深绿色"这两个图层，得到两个拷贝图层，按"Ctrl"+"T"组合键进行自由变换，将这两个图层移至画面的最上方，如图 10-12 所示。<br><br><br>图 10-12　效果图<br><br>(11) 导入标志素材 3 到图层，同时导入文字素材 4，调整位置如图 10-13 所示。背景图层制作完成后，新建图层分组为背景，整理以上图层进入该组。<br><br>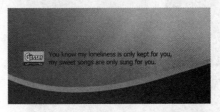<br>图 10-13　标志和文字位置<br><br>第二部分：<br>(12) 导入气泡素材 5，图层栅格化后更改混合模式为"变暗"并给图层添加图层蒙版，去除掉多余的部分，效果如图 10-14 所示。 |

| 项目名称 | 任务清单内容 |
| --- | --- |
| 任务实施 | 图 10-14　气泡素材效果<br><br>（13）导入瓶子素材 6，首先将图层栅格化，使用魔棒工具快速选择白色背景，按"Ctrl"+"Shift"+"I"组合键反选，然后给该图层添加图层模板，如图 10-15 所示。导入瓶子素材后的效果如图 10-16 所示。<br><br><br>图 10-15　添加图层蒙版　　　　图 10-16　导入瓶子效果<br><br>（14）对该图层进行颜色调整，创建一个色相/饱和度的调整图层，如图 10-17 所示。设置参数"色相"为"-32"，"饱和度"为"+2"，如图 10-18 所示。 |

续表

| 项目名称 | 任务清单内容 |
|---|---|
| 任务实施 | 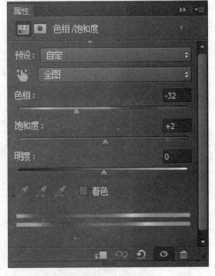<br>图 10-17 创建调整图层　　　　图 10-18 设置参数<br><br>（15）在调整图层单击右键，然后单击"创建剪贴蒙版"命令，如图 10-19 所示。使其只对瓶子图层产生效果，如图 10-20 所示。<br><br>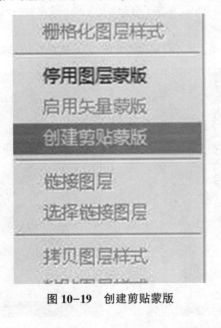<br>图 10-19 创建剪贴蒙版　　　　图 10-20 调色效果 |

续表

| 项目名称 | 任务清单内容 |
|---|---|
| 任务实施 | （16）然后复制"瓶子"图层，按"Ctrl"+"T"组合键进行自由变换，右键单击"垂直翻转"命令，制作一个倒影效果，降低倒影图层透明度为45%。再新建一个图层，使用画笔工具在瓶底进行涂抹，绘制阴影效果，如图10-21所示。<br>（17）导入标志素材7文件，调整图层混合模式为"浅色"，并添加图层蒙版，使商标两侧更好地融合在瓶子上，如图10-22所示。<br>　<br>图10-21　倒影效果　　　　　　图10-22　调整混合模式后的效果<br>（18）导入柠檬片素材8，将图层模式改为"变暗"，"不透明度"改为55%左右。同样添加图层蒙版，擦除多余的部分。这样瓶子部分制作完成，效果如图10-23所示。<br>第三部分：<br>（19）导入光效素材9，将图层模式设置为"滤色"，效果如图10-24所示。<br>　<br>图10-23　柠檬素材效果　　　　　　图10-24　光效效果 |

续表

| 项目名称 | 任务清单内容 |
|---|---|
| 任务实施 | (20) 导入柠檬素材 10，同样将图层栅格化后，使用魔棒工具快速选择白色背景，按 "Ctrl" + "Shift" + "I" 组合键反选，然后给该图层添加图层模板。用与瓶子同样的方法制作柠檬倒影，效果如图 10-25 所示。<br>(21) 将"柠檬"图层复制一份，按 "Ctrl" + "T" 组合键进行自由变换，调整大小和角度后放在"瓶子"图层后方，效果如图 10-26 所示。<br> <br>图 10-25 添加柠檬素材　　图 10-26 瓶后柠檬素材<br>(22) 导入前景青蛙素材 11，调整青蛙的位置并放好，效果如图 10-27 所示。<br>(23) 继续导入水花素材 12，设置图层模式为"划分"。调整位置后效果如图 10-28 所示。<br> <br>图 10-27 青蛙素材效果　　图 10-28 水花素材效果<br>(24) 再次导入光效素材 13，设置图层混合模式为"滤色"，设置图层透明度为 65%，添加图层蒙版，擦除不太必要的部分光效，效果如图 10-29 所示。<br>(25) 然后导入水泡素材 14，设置图层混合模式为"滤色"，效果如图 10-30 所示。<br>(26) 最后制作添加一个曲线调整图层，添加两个调整点，如图 10-31 所示。对整体画面进行颜色的调整，使其色彩鲜艳亮丽，最终效果如图 10-32 所示。 |

续表

| 项目名称 | 任务清单内容 |
|---|---|
| 任务实施 | <br>图 10-29　光效素材效果　　　　图 10-30　水泡素材效果<br>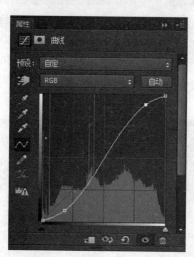<br>图 10-31　曲线调整图层　　　　图 10-32　最终效果<br>这样我们的创意饮品广告就完成了。 |
| 任务总结 |  |
| 实施人员 |  |
| 任务点评 |  |

# 实训任务二 夜的祈祷

## 任务清单10-2 夜的祈祷的基本操作

| 项目名称 | 任务清单内容 |
| --- | --- |
| 任务情境 | 经常可以看到魔幻的电影海报，而这些海报都通过Photoshop进行合成制作，下面我们就制作一个人物创意夜的祈祷。 |
| 任务目标 | （1）熟练运用图层及图层蒙版的基础知识；<br>（2）熟练钢笔工具的灵活运用；<br>（3）熟练调整图层在综合案例中的合成操作。 |
| 任务要求 | 请根据任务情境，通过知识点学习，完成以下任务：<br>（1）能操作图层蒙版的复制功能；<br>（2）熟练掌握调整图层对画面局部位置的影响。 |
| 任务思考 | （1）人像抠图除了钢笔工具还可以使用哪些工具？<br>（2）添加调整图层有几种方法？<br>（3）通过这个综合案例的学习，你最大的收获是什么？ |
| 任务实施 | （1）首先打开背景素材文件1，如图10-33所示。<br><br>图10-33 背景素材文件<br>（2）继续导入人像素材文件2，调整素材大小后，右键单击图层，栅格化图层。 |

续表

| 项目名称 | 任务清单内容 |
|---|---|
| 任务实施 | （3）然后选择工具箱中的钢笔工具，设置绘制模式为"路径"，沿着人物的边缘绘制路径，路径绘制完毕后按"Ctrl"+"Enter"组合键对路径建立选区，再按"Ctrl"+"Shift"+"I"组合键反选后删除背景，完成对人物素材的抠图，效果如图10-34所示。<br>（4）接下来对裙摆进行处理，在人物底部建立一个矩形的选区，选择人物图层，使用"Ctrl"+"C"组合键复制选区，然后按"Ctrl"+"V"组合键粘贴一个新的图层，将这个图层调整到人物图层下方。<br>（5）使用"Ctrl"+"T"组合键进行自由变换，对裙摆进行调整，按住"Ctrl"键对裙摆进行变形，产生一个不等比的缩放效果，调整理想后按下"Enter"键完成调整，如图10-35所示。<br> <br>图 10-34　人物素材抠图　　　　　图 10-35　调整裙摆<br>（6）选择人像图层，为该图层添加图层蒙版，设置画笔为"黑色""圆形柔角"画笔，对人像图层的裙摆位置进行涂抹，使新增的裙摆融合得更加自然。完成后按"Ctrl"+"Alt"+"E"组合键得到一个新的合成图层，隐藏之前两个图层，只显示合并后的图层。<br>（7）对新得到的合成图层执行"滤镜"→"液化"命令，在弹出的对话框中选择向前变形工具，适当地调整人物身形，调整手臂和腰部，调整完毕后单击"确定"按钮，如图10-36所示。<br><br>图 10-36　"液化"对话框 |

| 项目名称 | 任务清单内容 |
|---|---|
| 任务实施 | （8）接下来对人像的颜色进行调整，新建一个可选的颜色图层，如图 10-37 所示。首先对白色进行调整，如图 10-38 所示。调整黄色为"-100"，黑色为"-50"，然后调整中性色，如图 10-39 所示。<br><br>调整青色为"20%"，洋红为"-10%"，黄色为"-35%"，黑色为"-15%"，调整完毕后单击面板底部的调整剪切按钮 ，使其只对"人像（合并）"图层起作用。<br><br> <br>图 10-37 可选颜色图层　　　图 10-38 调整白色<br><br><br>图 10-39 调整中性色<br><br>（9）接下来使用图层蒙版，还原人物皮肤的原色，选择黑色画笔工具，使用"圆形柔角"画笔，对人物的脸部和手部进行擦除，如图 10-40 所示。 |

续表

| 项目名称 | 任务清单内容 |
|---|---|
| 任务实施 | （10）接下来提亮皮肤的颜色，新建一个曲线调整图层，先调整绿色通道，在中间调位置向上拖拽，如图 10-41 所示。<br><br> <br>图 10-40　还原皮肤颜色　　　　　　图 10-41　调整绿色通道<br><br>（11）接下来调整蓝色通道，添加控制点向上拖拽，如图 10-42 所示；最后调整 RGB 通道，将其向上拖拽，提高整体亮度，如图 10-43 所示。<br><br>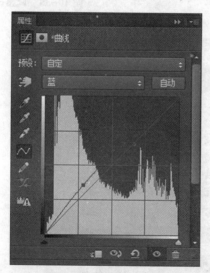 <br>图 10-42　调整蓝色通道　　　　　　图 10-43　调整 RGB 通道<br><br>（12）此时皮肤提亮了，但是裙子颜色也受到了影响，我们复制刚才涂抹的图层蒙版，左键单击拖动将其拖拽到新建的图层蒙版上，如图 10-44 所示，然后单击"是"按钮，再按"Ctrl"+"Shift"+"I"组合键将颜色反相，如图 10-45 所示。这样只有人物的皮肤进行了提亮调整。 |

续表

| 项目名称 | 任务清单内容 |
|---|---|
| 任务实施 |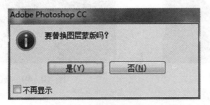

图 10-44　复制图层蒙版效果　　　　图 10-45　颜色反相

　　(13) 新建一个图层，选择工具箱中的画笔工具，前景色选择红色，选择"圆形柔角"画笔，调整画笔的不透明度为 30%，涂抹人物唇部制作一个唇彩效果，如图 10-46 所示。

　　(14) 对人物进行装饰，导入羊角素材 5，调整位置和大小，使其自然地放至人物头部，如图 10-47 所示。

图 10-46　唇彩效果　　　　　　　图 10-47　羊角素材效果

　　(15) 导入翅膀素材 3，导入后将翅膀图层放至人物图层下层，使其看起来在人物身后的效果，调整位置和大小，如图 10-48 所示。

　　(16) 然后给人物绘制头发，载入画笔笔刷，如图 10-49 所示。找到画笔笔刷素材文件 4，单击载入画笔，如图 10-50 所示。

　　(17) 我们会在画笔预览窗口发现新载入画笔，使用画笔对人物进行头发的处理。在翅膀图层上层新建一个图层，按 "Ctrl" + "T" 组合键执行自由变换，调整头发的方向和大小，使其看起来自然，如图 10-51 所示。 |

| 项目名称 | 任务清单内容 |
|---|---|
| 任务实施 |  图10-48 翅膀素材　　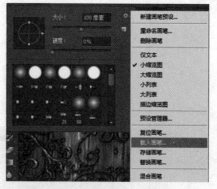 图10-49 载入笔刷<br><br> 图10-50 笔刷素材　　 图10-51 处理人物头发<br><br>（18）再次新建图层进行绘制，调整后如图10-52所示。<br><br><br>图10-52 头发最终效果<br><br>（19）人物部分制作完毕后，我们将现有图层进行编组，命名为"人物"。|

续表

| 项目名称 | 任务清单内容 |
| --- | --- |
| 任务实施 | （20）新建一个图层，使用选框工具，在人物前方建立一个方形的选区，如图10-53所示。选择工具箱中的渐变工具，设置一个从深绿色到浅黄色的渐变，如图10-54所示。<br><br>图10-53 方形选区　　　　　　　　图10-54 渐变工具<br><br>（21）选择径向渐变，按住鼠标左键在选区内进行拖曳填充，如图10-55所示。设置图层的混合模式为"滤色"，制作光照效果，如图10-56所示。<br><br>图10-55 径向渐变　　　　　　　　图10-56 调整混合模式<br><br>（22）新建一个图层制作云雾效果，设置前景色为白色，降低画笔不透明度和画笔流量，如图10-57所示。在人物周围绘制云雾效果，如图10-58所示。<br><br>图10-57 "画笔"选项栏 |

续表

| 项目名称 | 任务清单内容 |
|---|---|
| | （23）导入素材文件6，调整位置，如图10-59所示。<br> <br>图10-58　云雾效果　　　　　　　　　图10-59　素材效果 |
| 任务实施 | （24）对以上几个图层进行编组，命名为"前景"整理图层。<br>（25）对画面进行整体颜色的调整，建立一个色彩平衡调整图层，设置色调为"阴影"，如图10-60所示。设置蓝色和黄色的值为"-16"，然后设置色调为"中间调"，设置黄色和蓝色值为"+32"，如图10-61所示。<br> <br>图10-60　调整色调为"阴影"　　　　图10-61　调整色调为"中间调" |

续表

| 项目名称 | 任务清单内容 |
|---|---|
| 任务实施 | (26) 再次新建一个曲线调整图层，设置控制点，如图 10-62 所示。调整亮度使其画面变暗，如图 10-63 所示。<br>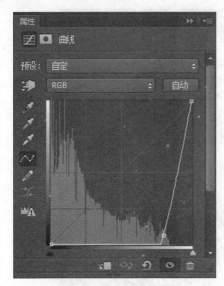 <br>图 10-62　曲线调整图层　　　　图 10-63　曲线调整效果<br><br>(27) 选择该图层的蒙版，使用画笔工具，设置前景色为黑色，并调整画笔大小，如图 10-64 所示。然后对中间位置进行涂抹，只保留画面四周的暗色效果，如图 10-65 所示。<br> <br>图 10-64　图层蒙版　　　　图 10-65　图层蒙版效果 |

续表

| 项目名称 | 任务清单内容 |
| --- | --- |
| 任务实施 | （28）导入光影素材7，调整图层模式为"滤色"。<br>（29）这样整个案例效果就制作完成了，最终效果如图10-66所示。 <br><br>图10-66　最终效果 |
| 任务总结 |  |
| 实施人员 |  |
| 任务点评 |  |

学习笔记

# 参 考 文 献

［1］传智播客高教产品研发部. Photoshop CS6 图像设计案例教程［M］. 北京：中国铁道出版社，2018.

［2］李金明，李金荣. Photoshop CS6 完全自学教程［M］. 北京：人民邮电出版社，2016.

［3］黑马程序员. Photoshop CC 设计与应用任务教程［M］. 北京：人民邮电出版社，2017.

［4］夏磊. 抠图+修图+调色+合成+特效 Photoshop 一册通［M］. 北京：人民邮电出版社，2018.

［5］邹新裕. Photoshop CS6 案例教程［M］. 上海：上海交通大学出版社，2014.